U0158163

"纸读中国"系列图书

汝瓷知己 汝州等你

在

汝州

唤醒

美食

人间烟火气 最抚凡人心

张志强

贾云峰 主编

序一

谁不说咱汝州好

汝州市市长 刘 鹏

在广袤的中原大地上，有一个历史悠久的文化之城——汝州。汝州市位于河南省中西部，因北汝河贯穿全境而得名，总面积1573平方公里，总人口120万，辖21个乡镇街道、462个行政村，是平顶山市下辖的县级市，也是河南省十个省直管试点县（市）之一。在这样一座富含浓厚文化色彩的城市之中，隐藏了许多令人惊叹的奇迹，让所有生活在汝州的人，都不由得称赞汝州之好。

汝州之好在于人杰地灵。汝州自古文风昌盛、人才辈出。西汉武帝的御使大夫韩安国讲的"死灰复燃"和"强弩之末势不能穿鲁缟"成了有名的成语；初唐诗人刘希夷的"年年岁岁花相似，岁岁年年人不同"的诗句至今仍传为佳话；唐朝医学家孟诜写出了世界上第一部食疗专著《食疗本草》；北宋理学家程颢在汝州讲学后，被学生誉为"如沐春风"中，全国遂以"春风"赞誉师长……在1400多年的发展进程中，汝州这片土地上诞生了众多知名的历史人物，他们以汝州为中心，向全国发出声音。

汝州之好在于诗赋濡染。站在汝水之湄，我国第一部诗歌总集《诗经》中歌咏风土民情的华章《汝坟》伴着汝水的琴音传入耳鼓。迎着扑面而来的诗风，眼前就跳出了苏东坡、刘禹锡、刘希夷、李益、王建、张籍、王尚纲、李梦阳、顾炎武、孙灏、李海观等诗人和文学家，他们正挥舞如椽巨笔，在汝州大地上书写着壮丽的华章……这些文坛圣手们，或诞生在这块厚土上，或为官此地，或漫游此方，被这里的山川秀水折服，为这里的厚重文化倾倒；或触景生情，吊古感怀，咏物言志；或浓墨重彩，纵情高歌，吟咏江山，留下了一篇篇脍炙人口的诗赋，为这块神奇的土地涂抹上了一道道永远的亮色。古老的汝州大地在诗赋的浸染中越发沉淀得厚重、大气、文明、灵性。

汝州之好在于汝瓷艺术。北宋时间，北方烧造青瓷中心在汝州。一座汝州城就是一部千年文化史，在这里，既有"窑"望千年的过去，也有浴火重生的未来。1987年出土于汝州纸坊镇阎村的鹳鱼石斧图彩陶缸，是全国64件不可出国（境）展出文物之一。汝瓷以名贵玛瑙为釉，色泽独特，有"玛瑙为釉古相传"的赞誉。随光变幻，观其釉色，犹如"雨过天晴云破处"之美妙，温润古朴。器表呈蝉翼纹细小开片，有"梨皮蟹爪芝麻花"之称。汝瓷位列"汝、官、哥、均、定"五大名瓷之首，有"汝窑为魁"之说。北宋时汝瓷器表常刻"奉华"二字，宋、元、明、清以来，宫廷汝瓷用器，内库所藏，视若珍宝，与商彝周鼎比贵，被称之为"纵有家财万贯，不如汝瓷一片"。

汝州之好更在于烟火味道。人间烟火气，最抚凡人心，充满烟火气的生活，才是最幸福、最诗意的生活。

汝州的美好，更在于那具有烟火气的美食，品尝汝州美食，享受精彩人生。在这里，不仅有街头巷尾的小吃和乡村土菜，还有以美食装点美器、以器皿衬托美食的精致饮食，更有老汝州传统家宴和孟诜食疗文化相结合形成的新生代养生菜。汝州的美食，是城中不灭的灯光，是乡村温暖的炉火，是屋顶冒起的炊烟，是厨房弥漫的香味，是柴米油盐酱醋茶的日常，是锅碗瓢盆与煎炸蒸炒的交响。品尝汝州美食，将生活嚼得有滋有味，把日子过得活色生香。

美食是汝州之魂、是城市之精，汝州市高度重视美食的挖掘与传承，将以前所未有的勇气，不断丰富深化地方美食内涵，实施四大战略举措，塑造人间烟火气，打造美食亮名片，筑造美食新产业，成为中原美食第一城。

一是要深入挖掘地方美食烟火气息。汝州拥有 1400 多年的历史，在漫漫长河中留存了众多本地居民的生活方式和传统习俗，也留下了众多最能够代表汝州色彩的传统美食，因此要深入挖掘美食的文化内涵，依托街头巷尾的小吃和乡村传统风味特色，讲述汝州小吃的历史由来，以及小吃在汝州人的生活中的重要地位。塑造地方烟火气息，用传统味道交织出生活最本真、最琐碎的模样，展现出汝州的生机与大爱。

二是要结合汝瓷艺术培育美食精品。汝瓷是汝州的一张亮丽名片，是汝州的形象代表，要大力挖掘汝瓷艺术色彩，将汝瓷艺术与美食结合起来。器皿是美食的衣装，唯有美食与器皿搭配得好，才能传达美味与款待之心。要以汝州餐厅酒店规格菜肴为主线，以美食装点美器、以器皿衬托美食，两者相辅相成，展现出汝州文化的最高境界，打造出汝州美食的最佳精品，成为闻名全国的汝瓷艺术佳肴，品美味，赏汝瓷。

三是要融入地方传统设计时尚新品。将老汝州家宴、孟诜食疗养生宴等精品宴席创意转化，结合年轻群体的消费新需求，设计出时尚、简约、备受大众喜爱的新型传统宴席，让新生代重新品尝传统美味，让传统美味重新焕发时代之光。要分层、分级、分类装点宴席内容，设置汝州家宴基配、标配、高配三种规格菜单，服务于不同定位的消费群体。要大力发展食疗文化，将《食疗本草》菜谱结合当代人需求设计新生代养生菜，以食促养，以食代疗。

四是要发展夜间经济推动美食惠民。践行改革惠民、改革利民、改革为民的理念，合理规划布局夜间美食摊位，将夜市经济和汝州的历史文化街区、旅游城市、特色小镇建设结合起来，扩大规模，增加内涵，进一步提升夜市经济对消费增长的拉动作用，刺激本地消费，拉动本地就业，让夜市点亮城市经济、扮靓城市风景。

在汝州唤醒美食，用美食点亮汝州。以美食铺造烟火之路，展现汝州传统风情，未来汝州将更加灿烂。

最后，我谨代表汝州市民向贾云峰老师及他的团队表示感谢，感谢他们几个月来不辞辛苦奔走于汝州街巷，为我们梳理出一桌温暖、热腾的汝州佳宴。并且欢迎全国各地的朋友来汝州赏人间烟火、品绝世美味。

序二

吃出一个文化城

中国食文化研究会会长 洪 嵘

开门七件事，柴、米、油、盐、酱、醋、茶。

在中国，民以食为天。见面最常见的问候词是："你吃了吗？"翻译成河南话就是"喝汤了没有？"中国的吃，谋生叫糊口，工作叫饭碗，受雇叫混饭……吃不离口才是中国人的常态！

中国饮食文化源远流长，自厨师祖师爷伊尹算起，已有3000多年的历史，丰富多彩的食文化在世界上的影响力逐渐提升。虽然经历了历史的反复变迁，也曾度过贫穷落后的年代，百姓一度只求"吃得饱"，但对于吃的讲究却一直没有离开中国人的生活。

美食是文化沟通的桥梁。五湖四海的饮食文化在中国人时刻进行的迁移中不断碰撞和交融，创造了今天唯中国独有的"融合菜"。入口的美味可以绕开个人习惯、语言障碍，迅速温暖人心，贴近彼此距离。

而地方饮食是一个地区文化的最高层次，它不仅代表这个地区的性格特点、生活习性、地理环境以及民风习俗，还是一个地方的形象代言人。正如螺蛳粉之于柳州、肉夹馍之于西安、火锅之于重庆、锅馈馍之于汝州。

地道的美食与发源地密不可分。因地制宜，永远是大自然赋予的基本定律；特定的土地环境造出了一方食材，特定的人文环境则激发了人们对于当地美食的热爱与智慧。美食在传播过程中或因当地饮食偏爱或因传播媒介的不同发生改变。就如同1000多年前土耳其驯服的小麦向东遇水成面条，向西遇火则成面包。所以想吃正宗，没有丝毫掺假、改变的美食只有亲临发源地。

中国食文化研究会是在万里、田纪云、廖汉生等国家领导人倡导下成立的国内顶级美食协会。几十年来一直深入地方，寻找唯本地独有的特色菜。

通过系统研究地方饮食文化现状和发展趋势，在当地设立办事机构、美食分会整合国内国外优质行业资源，为当地创造完整的美食产业链，帮助当地百姓就业创业。

汝州是一座我特别喜爱的文化古城，它吸引我的不只是千年"知己"汝瓷，还有那悠久而深厚的饮食文化。

想当年，轩辕黄帝在汝州崆峒山上问道广成子的第一个问题就是，"以佐五谷，以养民人"的"至道之精"；食疗鼻祖孟诜著有世界上最早的食疗专著《食疗本草》被我珍藏了好多年；明清时期盛极一时的十里长街中大街的精美食肆，我也一直想要去尝尝。

汝州饮食除了街头与百姓生活日常相关的"锅馈馍""卤猪肉"等

地道小吃，还有深入到整座城市每一寸肌理的孟诜养生文化理念。在我看来，当前在饮食方面，最受人们关注的便是饮食安全问题和养生问题。食物关系公众健康，汝州人推崇有机、安全的食材，讲究药食同源，是对传统食文化的传承和发展。

另外，从食文化的传播角度来看，这本书不仅是一本旅游寻访手册，也是汝州百姓生活的生动体现。

其中令我印象最为深刻的是老杨的锅馈馍非遗传承基地就驻扎在一个不到两米的狭窄胡同里。书中通过实地走访生动记录了老百姓的真实生活。我希望未来能代表中国食文化协会深入参与到汝州"饮食产业促发展"当中，共同合作扶持当地老百姓自主创业。

汝州的饮食文化特殊，传统小吃种类繁多、历史传承悠久。书中的每一篇小文从不同切入角度，让我们站在外部视野重新审视当地饮食产业的发展。

拓宽老百姓的新思维，将餐饮这一古老而精深的行业与"互联网+"、电商新零售、中餐国际化以及产业金融等趋势性领域相融合，扩大对外市场、做强街头产业、促进群众增收、吸引外来消费，从而形成汝州美食品牌自传播。

"汝瓷知己 汝州等你"，等你的不止汝州汝瓷还有汝州美食。

开篇

一场泪水和口水齐飞的旅程

联合国世界旅游组织专家 贾云峰

第一次穿越欧洲，从法国开始。

1000多公里的南部开车，说是寻访世界，不如说是因为对自己日常生活的厌倦，我选择了自我放逐。

我这次的放逐地是普罗旺斯，带着新鲜的橄榄、樱桃、火腿，去找一个可以眺望到整片紫色薰衣草的山谷。

不经意掠过了一个小酒庄，停了下来，才想起这里除了诱人的橄榄油、古老市集，更是法国最古老的葡萄酒产地，出产一种最古老的葡萄酒——桃红酒。

酒庄女主人是个典雅的法国小妇人，扎着高高光亮的马尾，嫩黄的短裙配挺括的黑靴，瘦、挺拔、傲娇，像一朵开放的玫瑰。

相谈甚欢，她突然不见了，再出现她拿着两杯酒，手握着高脚杯的底部，她说"陌生人，请你尝尝我酿的酒"。

这两杯酒，一杯深红，一杯粉红，从冰桶中取出来就凝上一层细细的水雾，倒在杯中轻轻晃动，清新的鲜花和水果的香气迅速溢出来，我尝了尝，一杯稍甜，一杯略苦。有何用意？我诧异地看着她。

她眼角上翘着，竟然飘出了泪花，缓缓地说"这两杯酒，一杯是我结婚的时候酿的，一杯是我离婚的时候酿的"。

浪漫的泪水和口水，仿佛法国南部的阳光，瞬间照亮了我的心。

美食从来都是与情感无缝对接的。如同我到哪里也忘不了奶奶和父母联手包出的饺子。

奶奶是北方人。父亲和我一样，年轻时天天出差，但不管时间多紧张，出发的那天，奶奶一定坚持全家吃一顿饺子。

小小厨房，四个人，一把芹菜，半块肉。说着话，切切剁剁，馅好了，包包捏捏，白白的饺子扑腾下锅，找醋的时候，饺子就迫不及待浮上来了。

奶奶做的饺子，牙齿一咬满口香，我们一说香，她就眯着眼睛满足地笑了。后来奶奶和父母相继去世，我走遍了世界，无论在最高级的餐厅，还是最寻常的巷陌，就怎么也做不出、吃不到这样的饺子了。

现在每当过年，我坚持在零点吃一顿饺子，看着饺子香气出来，泪水就迷了眼。

我从传媒宣传转旅游策划，再转大健康产业，不懈地行走，直到这次的汝州美食寻访，我才知道，我实际一直在寻找着美和爱。在这些爱和美的追寻里，我经历的是一场口水和泪水齐飞的旅程。

100万年前就有人类在这里繁衍生息的河南汝州，世界食疗学鼻祖、唐代汝州人孟诜，撰著世界上最早的食疗专著《食疗本草》。"炉火连天的汝河两岸，汗流浃背的制瓷工匠们，一直守候在窑炉旁，总是忘记送来的饭菜香；甩跷登台演出的前夜，排练节目的汝州曲子玩友，早已饥肠辘辘，时刻惦记着师娘送来的美味夜宵。"

汝州美食，适合中原地区，也适合各地对面食、对肉类的向往，数不尽的小吃：丁记羊汤、卤猪头肉、粉皮……丰富多彩；汝州人的生活，也像一碗豆沫或胡辣汤，辣麻、醇香、滋养。

我们和汝州人一起寻访汝州小吃，仿佛是一次回家之旅。在和汝州人交往中，我们找到了妈妈的味道、兄弟姐妹的亲密，同时好像给自己打开了一个味觉定位系统，寻访以后，一头锁定了千里之外的工作地，另一头则永远牵着记忆深处的汝州。

那些美食背后，绝不是单纯的各种美味，里面有辛苦的传承人、努力的创业者和可爱的汝州厨娘的笑颜和汗水，他们娓娓道来的，也不只是小吃而是浓浓的人情。在汝州美食中时刻凸显的是这广阔的土地上人们热情、快乐的生活。我一直认为，活色生香的本地生活才是一个城市最吸引人留住的理由。

在汝州美食的故事里，全是浪漫和亲情，我们尝试用灵性的文字、多媒体的视频，在抖音和图书馆、书店让这些美食故事和故事里的人在书本里永远固化下来，希望今后你无论走到哪里，这本关于汝州美食的书，随时刺激着你的味蕾，向你发出回家的召唤。

美食，是我们回家的路标。我们一起回汝州吧，体验一场泪水和口水齐飞的旅程。

目录
CONTENTS

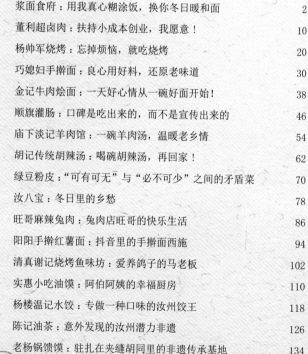

第一辑

街头巷尾

浆面食府
打卡推荐
★★★★★

浆面食府：
用我真心糊涂饭，换你冬日暖和面

　　面条是一个能温暖人的味蕾与记忆，安抚焦躁与不安灵魂的治愈系吃食。TVB 剧中经常出现的一句经典台词："你肚子饿不饿，我给你煮碗面吃。"不管是情侣还是家人，似乎总会以"煮个面给你吃"来调节某种关系或气氛。

　　其实"煮个面给你吃"的潜台词是我好关心你。

　　汝州地处中原河南，盛产小麦。汝州人最擅长做各类花样面食。其中，属面条最得大家喜爱。一年 365 天，汝州人的胃，至少有 300 天是被面条养起来的。

汝州人正如路遥在《平凡的世界》中描述的河南人，"不论走到哪里，都用自己的劳动技能来换取报酬"。汝州人平凡而又勤劳，朴实而又坚毅，他们用自己的双手为"中国粮仓"添砖加瓦。而在汝州当地，无论在街头巷尾还是餐厅楼阁，有一种面条随处可见、随时可尝，它如同汝州人一样平淡朴实，然而却滋味悠长、百吃不厌。

〰〰 等待与发酵 〰〰

由于生长于南方对中国面食知之甚少，但本身酷爱中国北方面点，所以刚开始听说"浆面条"这个名字很是新奇。又得知是来汝州不得不吃的一大美食之时，立马勾起我满满期待。

在汝州市文化广电和旅游局同事们的推荐、带领下，我们寻访团队来到当地一家地道的"浆面食府"。下午3点，店内仍坐着三三两两食客就着一两碟小菜，坐在"阳光落地窗"前一面聊天一面喝着小酒，生活好不惬意。我在想这也许是属于小城独

有的休闲下午茶吧。

身处柜台中的服务员看到一大群客人进门，以为前来就餐立马出门热情招呼。了解我们想要与老板见面后，告知我们老板外出采购需要等待一会儿。

大约半小时后老板还未露面，

宋姐不是我们想象的"高傲"大厨，相反是一种亲切能干的汝州巧妇形象。从厨房到餐厅，从餐厅到厨房，宋姐与几个厨工正在麻利地准备晚饭开档食材。

我们跟在后头来来回回三四趟，晕头转向几乎分不出哪个是老板哪个是员工。终于等到宋姐停下空来给我们露一手她的看家厨艺。得知我们要给她拍照时，宋姐笑着立马找了一套专业的厨师服，换上厨师服的宋姐更显得清爽、干净。

宋姐一边准备食材一边向我们介绍浆面条的做法。

我们猜想这老板肯定是个年迈的高级厨师。再次询问后才发现由于沟通障碍，服务员没明白我们来意还未曾打电话给老板。经再三催促后服务员告知我们，老板已去后厨搬运食材，我们惊讶地笑了笑立马赶到后厨想要采访一下老板。

未承想老板宋姐见到我们第一句话是"你们干啥哪？"了解来意后立马对我们表示欢迎，但仍然继续干着手中的活，显然对我们"莫名其妙"的来访有点不太适应。

浆面条在汝州历史悠久，浆面条的美好滋味，完全仰赖于浆汁。汝州的浆汁，以绿豆浆最佳，淡绿色为上乘（家庭最常用的是面浆，其他有红薯浆等，属时令性）。做浆过程将磨好的绿豆浆加入发酵物，促进豆制蛋白分子在一定空间内从有序走向无序加快微生物运动分解，这时冲入适量的水，放入少许曲，24~48小时的静待沉淀释放出浓郁的醇香。一般这时老厨人就知道该出缸上锅了。

时光沉淀，斗转星移。经过世世代代，一缸缸风味浆汁在汝州人千万个家庭中发酵烹饪，最终成就出一碗碗岁月的浓稠，进入汝州人的胃中直入心头。

过去老汝州水坑沿附近有不少做绿豆粉皮的人家，做绿豆粉皮用去了绿豆的精华部分，而其下脚料绿豆浆，则被智慧的汝州人化腐朽为神奇，用来做浆面条的主料。

儿时家家生活平淡，每有人家想改善一下口味，就让孩子去水坑沿打回一桶绿豆浆来做浆面条。宋姐说长大后"想干干净净吃顿饭"，所以盘了家近一点的店，方便照顾孩子。

宋姐一边手舞大勺往大锅中添水加热、加入芝麻叶翻滚豆浆，一边自豪地跟我们介绍着她的面馆："刚开始我家店生意可好了，大厅一号桌根本没有空下来过。做了半年我们就将原来的旧门旧桌子全换新了，当时一个春节就要用七八吨肉嘞！"

我们诧异地询问成功的秘诀是什么？宋姐顿了顿，将手中绿豆面条放入锅中直至汤汁熬成奶白色，加以一勺面粉水勾芡，将切好的胡萝卜丝、青菜叶相继放入。

宋姐接着说道："因为我家豆浆和绿豆面都是我们自己做的，另外我们家的肉食从来不用烂肉，只用最好的肉。因此晾在外头的肉曾经还被偷过呢！”说完哈哈大笑。

说着就见宋姐有条不紊地撒入鸡精和盐，一边放一边强调现在人吃盐少了，一定记得少放。随后拿出七八个天青色瓷碗捞出面条，配以黄豆、芹菜丁、葱花叶加以点缀。一碗碗老汝州印象就被呈现到远道而来的客人面前。

〰〰 糊涂做法糊涂吃 〰〰

汝州人常说："浆面条熬三遍，就是给肉也不换。"

浆面条味道平淡、毫不显眼，但却是每个家庭必吃的一道美食。难得糊涂如浆面条，经过时间的熬炼，已过滤其当初的万紫千红，只剩下不温不火的本质，不动声色地讲述着岁月的故事。

相传浆面条是当年刘秀被王莽追杀，走投无路、饥寒交迫，见到一个浆坊就进去想找点吃的，可房里没有人，也没有食物，只有几把干面条，缸子里还有绿豆磨的浆水，但是已经放酸了。

他也顾不了多少，就舀了几瓢酸浆，把现有的干面条和菜叶、干豆统统都放到锅里煮。面条煮熟了，当他打开锅盖就闻到了泛着淡淡酸

气的面条，于是他就狼吞虎咽地全部吃完了，以至于当了皇帝还总想着当年的浆面条，所以御宴中就有了浆面条这道菜，流传至今。

　　浆面条这种饭食，其实并不被小城的年轻人看好，因为它糊里糊涂的毫无原则。

　　刚开始闻到浆面条散发出来的强烈性植物霉变的酸水味，让我想起在北京喝了一口至今都不敢再尝试的豆汁儿。这次因为任务需要，心有余悸地端起碗来，屏住呼吸舀起一勺已成糊状的面汤。伴着配菜亦咸亦酸、亦辣亦淡，一口下去出乎意料的很是舒服。只需搭配手工绿豆面条和时令蔬菜，就是最简单、最传统也是最完美的味觉组合。

街头巷尾 /

　　绿豆手工面条切得很细，煮出来几乎成糊状；熬制半小时的绿豆发酵豆浆呈现羊汤似的奶白色，加以葱花绿、胡萝卜红、豌豆黄配以天青色汝瓷餐具，色色搭配好不齐全。最后加以宋姐自制的灵魂韭菜辣子酱，不一会儿工夫七八碗面条均见碗底。

　　"面条软和和，喝着糊

嗯嗯，喝到肚里挺舒服的！"汝州浆面条不仅是所有汝州人的生活记忆，也温暖着每一位来汝的游客。

悠悠的香，温温的爱，不急不冲，不偏不倚。

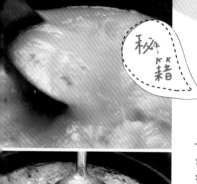

秘籍

浆水面条做法

食材：发酵绿豆浆、面浆、绿豆面条、芝麻叶、黄豆、胡萝卜丝、葱花、芹菜丁。

做法：做浆面条时，把事先发酵好的绿豆酸浆倒在锅里煮至80℃的时候，浆水的表层泛起一层白沫。这时，要用勺子轻轻打浆，浆沫消失后，浆体就变得细腻光滑，放入调料。浆水煮沸时，把面条下锅，勾入面糊，再放入盐、葱、姜、花生、芝麻、黄豆、芹菜、辣椒等调料，一碗浆面条就完成了。

特点：色彩悦目、消食开胃。

宏翔大道

朝阳小区

福地国际
花园-北区

浆面食府

绿洲凤凰城

福地国际
花园-南区

建兴街

城垣北路

民盈街

广城中路

汝州市金庚
康复医院

汝州市第一
人民医院

广城东路

第一辑 街头巷尾

寻访地址：汝州市城垣北路 94 号

采访视频二维码
打开抖音 搜索页扫一扫

HUAN XING MEI SHI

董利超卤肉
打卡推荐
★★★★★

董利超卤肉：
扶持小成本创业，我愿意！

　　汪曾祺《故里杂记》中提及一位生活寒苦的侉奶奶，一年到头喝最糙最糙的米煮的粥，只有过继过来的侄儿来了，给她带一个大锅盔，她才会上街，到卖熏烧的王二摊子上切二百钱猪头肉，用半张荷叶托着。另外，还忘不了买几根大葱、半碗酱。娘俩结结实实地吃一顿山东饱饭。

　　在汪先生眼里，夏日的黄昏，就着猪头肉喝二两酒，拎个马扎趸到一个阴凉树下纳凉，该是人生莫大的享受。大多中国人都是经历过物质单调匮乏的年景，基因里有对脂肪类食物的天然好感。

10

／ 在汝州 唤醒美食 ／

授予：董利超

汝州老字号
Ruzhou Time-honored Brand

汝州市商务局
二〇一九年十一月

〰〰 在基因记忆中追溯荤念的妄想 〰〰

汝州原属洛阳贫困县，豫西老乡能做出传承几百年的美食卤肉，思考其根源，应是与当地数百年的贫穷分不开。

老乡们发挥聪明才智，在贫穷生活中积累经验，将当年有钱人不吃的下水卤制出豫西民间美食。我觉得这和重庆江城水岸边的纤夫苦力用猪牛下水做出美味的重庆火锅的道理应该是一样。

而今在无肉不欢、无肉不成席的年代，大口吃肉的酣畅进而分泌多巴胺带来的快乐也似乎刻在汝州人的生活基因中。

在汝州的大街小巷、乡村集市，随处可见的卤肉店铺和街头小摊，林林总总的卤肉招牌大多会冠以"独家""秘制""百年传承"等字眼。正当我们苦恼采访哪一家更能代表汝州卤肉特色之时，这时汝州市文化

在汝州老同学美食

广电和旅游局陪同同事狡黠一笑说："走，带你们去一家我们汝州老字号。"

在本地人的带领下，我们来到一家挂着"董利超卤肉培训加盟总部"标牌的店铺门口。店面不大，但一扇玻璃推拉门一直开开合合。我们随行

七八个人一同进入店铺就可填满一楼大堂，似乎超出了原来店铺空间设计需要的范围。

　　进门后只见左边堆了一列四层高的春节大礼盒，看得出商家正在为抓住春节最后的黄金促销日筹备货物，右边橱窗内两三个工人正分工有序地为门口排队的食客现场称量卤肉。

　　这时一个穿着明黄色马甲的年轻小伙不知从哪里冒出来，与我们搭话，细聊才知原来是这家"董利超卤肉店"的创始人董利超。

〰〰 在创新中开拓品牌新思维 〰〰

　　利超比我们先前接触的那些老字号店铺老板年轻许多，甚至不敢相信眼前这位创始人已开了四家分店。他的一身明黄色显目外套正如他的店铺标牌颜色给人强烈的年轻活力的朝气。

　　得知我们想要参观一下卤肉的完整制作过程之时，利超抱歉地表示一般都是早上 7 点就开始打理，这个点已经看不了前面烧制过程。并且答应明日会给我们拍一些现场制作视频让我们直面了解。

　　继而一边给我们介绍橱窗里的卤肉做法一边跟我们聊他的创业史。

　　利超笑着说13岁那时因为不爱读书就外出在市里饭店打工，2005 年跟着父亲母亲学习卤肉技术，然后在宝丰、郑州独立创业。创业期间不但秉承了爸妈的卤肉技术，还专门花重金学习了汝阳蔡店卤肉和襄县王洛猪蹄的技术，走访品鉴了鲁山瓦屋的卤肉、平顶山的四不腻猪蹄、邓县猪蹄等。

这家董利超蔡店卤肉店就来自于洛阳的蔡店卤肉。之前是给人家干，后来师傅看他忠厚老实就把这家店传给了他。这家店从开始到现在有 18 年了，结合多年的经验，慢慢摸索最终形成了董利超卤肉系列产品，打出了汝州卤肉的金字招牌。

2018 年 8 月开启连锁店门头形象的统一装饰，拉开自主连锁品牌，利超以自己作为品牌形象设计了店铺的标识系统和 logo。如今一天轻松卖出 120 多斤猪蹄、30 个猪头、50 多只叫花鸡，40 平方米小店日盈利不低于 6000 元，周末或节假日更高达万元！

我们诧异这不是一个一直生长在小城，13 岁就辍学的普通创业者具备的品牌互联网思维。

利超接着说："我家卤肉选料讲究，猪肉均采用一年以上健康成龄本地土猪，当日屠宰、当日精细收拾干净，去除异杂味，采用 30 多种名贵中草药祖传秘方，老汤卤煮，2 小时以上，这样卤制好的肉，色泽红润、鲜香四溢、瘦肉不柴、肥肉不腻，咸香耐嚼。"

说着利超切了一大盘卤肉一定让我们尝尝，说只有尝了才知道他家卤肉的不同之处。"每天用的猪肉都是我亲自去买，因为名气大，不敢疏忽，肉的来源一定要保证正规、新鲜，做的每一个过程我也必须亲自把关，目的就是保证质量。"

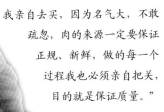

其实做好一款卤肉多数并没什么高深的秘密，无非就是酱油与肉的结合碰撞，大料与肉的组合升华，只是各家用的卤料配方略有不同而形成了各自风味而已。如果还有什么奥妙，一则应该就是卤水。

卤水的奥义在于蛋白质、油脂和香料的融合，最佳搭配是带微弱甜味的淀粉质和微酸的清新蘸料（如蒜泥白醋、辣椒白醋），蛋白质提供口感（或软糯、或Q弹爽脆）和鲜甜味，用香料提升味道，丰富香气的层次感，油脂萃取两者的精华并提供润滑的口感。

年代久远，反复使用的卤水才能叫作"老卤"。正是在一次次与食材的亲密接触中，卤水才变得回味悠长，这是时间带给人的惊喜。再一则应该就是卤煮的时间和火候了。

卤肉以肥瘦相间、带有肉皮的最为好吃，猪蹄啃起来也是爽滑筋道，大肠、猪肚、肋排更是极品，特别是不可多得的猪尾巴，皮质和骨节紧实，胶原蛋白极其丰富。

卤肉传统吃法是将卤肉切块，佐以洋葱、大蒜，撒上葱花，浇上卤汁搅拌均匀，再配上汝州特有的锅馈馍，馍酥肉香。

利超笑着说："每天周边很多地方的人专门开车来吃，有时没座了只能在窗口打包回去。我们家店之所以有这么多人光顾，是因为我们做生意的宗旨是给人安

全感。"

随后指了大堂左侧被几盒新春卤肉礼盒掩盖住的一块木质牌匾,上面刻着"道德高尚"四个大字。

"无论是做产品还是做人,我们都要让人觉得放心。这块牌匾是 2010 年时外地几个顾客在咱家吃饭,工程款出来了,哥几个开心喝多了将工程款忘店里头。我们收桌子的时候发现后保存起来。夜里 23 点左右顾客醒了跑这来问我们,我们给他了。最后又是给咱送个牌匾又是送家乡特色小吃表示感谢。"利超激情澎湃地讲述着他的过去,似乎学艺时的辛酸和困难从未挫败他对生命的热情,眼睛流露出的只有对未来无限的向往和期待。

利超的激情影响着每一位来店的客人也影响着我。

现在开了一家卤肉培训加盟总部,利超表示愿意将自家的秘方传授给更多年轻人,支持小成本创业。

说着转过身来,向我们露出黄色马甲背后"小成本创业"五个大字,似乎用以表示他的真诚与决心。

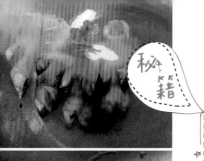

 秘籍

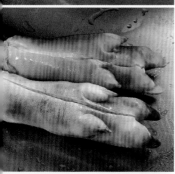

卤肉做法

食材：百年卤水、猪肉。

做法：本地土猪当日屠宰、精细收拾干净，去除异杂味，采用30多种名贵中草药祖传秘方，老汤卤煮，2小时以上，卤肉传统吃法是将卤肉切块，佐以洋葱、大蒜，撒上葱花，浇上卤就可完成。

特点：皮肉弹韧、酱香四溢。

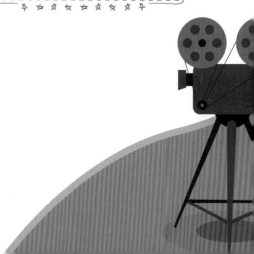

风穴寺

小绿洲凤凰城

宏翔大道

广城中路

平安街

董利超
蔡店卤肉

城垣中路

丹阳中路

万邦橱柜

钟楼

汝州古龙兴寺
遗址公园

寻访地址：汝州市城垣中路 226 号

采访视频二维码
打开抖音 搜索页扫一扫

HUAN XING MEI SHI

杨帅军烧烤:
忘掉烦恼,就吃烧烤

　　夏日夕沉,一阵微风唤醒了焦躁的大地。寂静了一天的街巷终于热闹起来,人们陆续从一座座高楼大厦一头钻入大街小巷的小摊饭馆。

　　"老板,再来 50 根羊肉串!"

　　这个场景似乎已经刻在我们的生活记忆中。夏日夜晚,约三五好友坐在马路边的露天小摊桌前,伴着炭火和烤肉滋啦的背景乐,撕一口鲜香酥脆的大羊腿,灌一口清凉舒爽的冰啤。

　　这一刻,人生都值得!

　　有多少个城市,就能有多少种烧烤:烧烤在不同地区的发展,则成就了不同种类的烧烤。

/ 在汝州 唤醒美食 /

在中国，从北到南，从东到西，不同地区的人们都标榜自己家乡的烧烤最好吃，但说来说去，最终依然是谁也不服谁。其实，吃烧烤不必纠结哪里正宗，好吃就是王道。

在撸串中体验汝州非遗

寻访了一天的中原面馆，临近晚饭点，同行汝州市文化广电和旅游局同事提议要带我们去吃一家汝州的非遗烧烤。这时我想着只要不是面条什么都行，不过内心还是犯嘀咕。

自认为自己是个吃货，中国东、南、西、北四大主流烧烤哪个没吃

过？其中不乏串大豪气的东北果木烤肉、纯正自然的西北红柳羊肉串、原汁原味的东南烤生蚝以及鲜辣味绝的西南把把烧，可是从来没有尝过也未曾听过中原烧烤的"代表作"，而且还是被列入非遗的烧烤？

带着这样的疑惑，车子驶入一家大院，院内很空旷，原以为是个停车场，后来听说这是他们的露天餐厅，夏日这里"人满为患"。正前方是一排室内餐厅，左方是烧烤厨房，上方写着"杨帅军烧烤——汝州市非物质文化遗产"。

接待我们的年轻人看起来与我年纪相仿，本以为爱吃烧烤都是年轻人，那么这家店名肯定是他自己吧。所以一上去就直接称呼其名，不料人家说杨帅军是他父亲，这让我还未开始访问就略显尴尬，但也仅仅是那么一刻。

海醇美食 /

≋≋≋ 百年传承成就中原烧烤代表作 ≋≋≋

　　小伙子名叫杨浩然，人如其名，一身浩然正气立足于汝州烧烤江湖前列。家族五代历经140年研制烧烤涮肉，在当地颇有威望。

　　追溯杨帅军烧烤历史得从浩然曾曾祖父辈说起。第一代创始人杨福长生于1859年，15岁随师傅学习厨师手艺，常年随师傅在四邻八乡做家宴，他就开始烤炙技艺的探索，并逐渐在业界崭露头角。出师没几年福长公的家宴手艺已为家乡一带所广知，能请他做主厨是乡邻面前很有面子的事情。

福长公的烤炙菜源于一位来自关外的老先生。在一次宴席上这位老先生说起自己新疆老家的烤肉，引起了福长公的关注，福长公就请他给大伙露一手，老先生客气一番后真就来后厨给福长公烤了一块肉，并且说如果用家乡的佐料会更好吃，福长公一尝还真是别有一番风味。回家后福长公便开始了在家里尝试。经过多年探索，他摸索出了一套独有的烤炙菜配方，每外出做家宴时，他就会给客人送上一道他的烤炙菜，这成了福长公做家宴的一手绝活。

福长公的烤炙菜主要选用本地新鲜肉品，以各种中草药为辅助调料烤制而成。但针对不同肉品，福长公有不同的配方：鱼要去腥、羊要除膻等，尤其是他的烤鱼更是一个创造性菜品。

杨留柱是福长公的长子，生于1889年，自小师从父亲福长公学习厨艺。经他进一步摸索，对鱼的烤制工艺做了新的改进。他的烤鱼是先将鲜鱼腌制，多层荷叶包起放炭火上烤制而成，因此留柱公的烤鱼肉质鲜嫩，风味独特。

杨现龙生于1932年，自小就经常给父亲帮厨打下手，对父亲的烤炙菜品兴趣浓厚，十八九岁的他已能独当一面。遇到雇主较多时，留柱公就会让他带上工具，独立操作。1958年杨寨大队成立大食堂，名声在外的杨现龙成了杨寨西村伙上的掌勺师傅。

1960年粮食紧张时，杨现龙自制抬网，带领社员下河捕鱼，把捕回的鱼用炖、蒸、烤等技术做熟，为大队社员解决了部分吃饭问题。这也为杨现龙进一步研究烤鱼技

/ 在汝州 唤醒美食 /

艺提供了一个不错的平台。

1978 年改革开放后，杨现龙的厨艺有了更大的施展空间，他用一把刀服务四邻八乡，赢得了乡亲们的交口称赞。随着生活水平的提高，乡亲们对宴席也有了更高的要求，杨现龙开始感觉到了巨大的压力，这促使他开始考虑对调料性质的学习研究。

1986 年，杨现龙开始把全部精力投入到对调料的研究使用上。为此杨现龙带儿子杨帅军远赴洛阳开了一家调料店，为洛阳市 100 多家烧烤店、饭店配制各种专供调料。当时清雅斋、东华酒楼、皇城饭店、曹记饺子、王记烧烤等多家名气餐饮店都使用的是杨现龙家的调料。

1994 年，洛阳餐饮协会引导烧烤商户进行烤品创新，洛阳烧烤商户多家推出了烤鲜鱼大受欢迎，震动了洛阳餐饮界，其调料都出自杨家。看到烧烤生意如此火爆，本打算研究几年调料后回家重操旧业的浩然祖父就在洛阳老城十字街开了一家烧烤店。

烧烤也在追求大健康

杨现龙与儿子杨帅军凭着自己原有的烤鱼技艺和七八年的调料配制经验，在洛阳开的第一家汝州杨记烧烤立马一炮走红，年底核算，烧烤店的收益竟远超调料店。1995年年底，思乡心切的他们回乡创业，汝州杨氏烧烤正式改名为杨帅军烧烤，在汝州剧院广场开业。

当时的烧烤店全部采用钢签串烤，而钢签串烤的鱼不管外面有多咸，内部都是淡而无味，于是杨帅军自己研制了拍式烤炙，还因此获得专利。用自己的秘制调料和酱料烤出的鱼不仅外焦里嫩，而且彻底解决了钢签串烤鱼不入味的问题。

这是汝州杨帅军烧烤对烧烤菜品创新的初步尝试，却是其对全国烧烤业界工艺技术的革命性改进。

1996年为了解中草药药性、药理，开发养生烧烤，杨帅军每天上午到汝州中医世家杨要楠家学习中草药炒制技术。经过四年时间的言传身教，杨帅军从一个对中药知之甚少的毛头小伙成长为杨大夫挑指褒赞的炒药行家，参悟了数百种中草药的药性药理，这为后期的杨家烧烤配料、酱料研发打下了坚实基础。

1996年年底，由杨帅军烧烤创制的拍式烧烤成为汝州地方烧烤业界的一道风景。1999年，拍式烧烤传至洛阳。2000年前后，更是风靡全国。由于杨帅军烧烤秘制配料和酱料独特的魅力，杨帅军烧烤在汝州烧烤业界独领风骚。常常被模仿，从未被超越，这成了对汝州杨帅军烧烤的真实写照。

2002年，为了改善顾客就餐环境，杨帅军烧烤迁至汝州市广成中路电业局东隔壁。杨帅军烧烤这一时期推出的云南黑虎鲨、烤羊眼、烤板筋、烤香菇等菜品，展示了杨帅军强劲的新品开发力。

由于生意太过红火，店内餐位严重不足，再加上店前道路过窄，堵车现象时有发生，2004年杨帅军烧烤不得不再次迁至风穴路。

2004~2015年十一年间，杨帅军烧烤稳步发展，经营面积扩大了五倍的杨帅军烧烤仍然存在餐位不足的现象。而造成这一结果的原因之一就是他平均每年2~3种的新品开发能力。2015年，汝州杨帅军烧烤的菜品已由1995年刚开业时的5种，累积到了近70种。

20多年来杨帅军烧烤接待了来自全国各地的回头客不下数十万人次，走出去后又专门回家乡体验杨帅军烧烤美味的汝州人更是不可胜数。杨帅军烧烤已成为汝州餐饮业一个标志性品牌。

2015年10月8日，杨帅军烧烤迁至向阳路与建兴街交叉口六层酒楼，同时租下向阳路、风穴路交叉口的一个广场，经营总面

积达 5600 平
方米。迁址
后的杨帅军烧
烤采用油烟净
化系统，引进
无烟电烤设备，实
现了绿色环保烧烤，
使顾客的餐饮健康有了
更加切实的保证。

当问及浩然，以后烧烤
店在他手上如何适应客人需求的变
化将老口味传承下去时，浩然领着我们到
厨房看着七八个忙碌的烧烤工人说，"他们都是在这里工作了 20 多年的
老前辈，他们在口味就不会变。而且现在烧烤店已不是传统意义的烧烤店，
更是一个社交圈，还有不少年轻人来这相亲嘞，一杯酒下肚这事就成了！"
说完哈哈大笑。

浩然自己大学毕业后在银行干了两年，觉得家里头的传统技艺需要
继承下去，而且父亲年龄也大了，就回来接手。现在一边经营这家店一
边做餐饮系统。未来打算将烧烤做成真空包装，让走出去的客人都能吃
到杨氏烧烤。

这就是一家中原烧烤摊的"百年味"。正如汝州民性一般，淳朴敦厚，
方正仁和。

烧烤做法

食材：特制酱料、蘸料、各类蔬菜、肉制品。

做法：首先从无污染区进行牛羊肉选材，然后制作配料和酱料，接着粉碎调料，之后是配料、酱料配制，最后选用串串，根据鲜肉、蔬菜、海鲜等不同食材采用不同酱料、火候、用具。

特点：食疗养生、绿色环保。

永安街

汝州二高

瓷都文化苑

汝州市海天幼儿园

中国人民银行

向阳中路

杨帅军
烧烤涮锅

丽景花苑

风穴路

建兴街

大地幼儿园

建兴小区

安居苑小区

29 — 第一辑 街头巷尾 —

寻访地址：汝州市风穴路 362 号

采访视频二维码
打开抖音 搜索页扫一扫

巧媳妇手擀面

HUAN XING MEI SHI

巧媳妇
手擀面
打卡推荐
★★★★★

巧媳妇手擀面：
良心用好料，还原老味道

　　在每个汝州人记忆中，每天放学飞奔回家最有盼头的是吃一碗妈妈刚刚做出来的手擀面。面条的筋道仍残留着妈妈手心的温度，一筷面条、一勺面汤下肚，温暖而幸福。

对汝州人来说，一碗手擀面的美味与否是检验一个主妇是否合格的标准！

在汝州，几乎每个家庭妇女都会做手擀面，这体现了一个女人勤俭持家的能力。女人们擀面是谨慎的，也是隆重的。于汝州主妇而言，擀面不是机械的劳动，而是智慧与灵性。

每个汝州妈妈都有一个擀面杖，还有个很大很大的面板，那是专门擀面条用的。当时每个人都觉着自己妈妈做的手擀面是天下最好的美食，但是好吃却费时费力的手擀面已经离我们渐行渐远。

你有多久没吃妈妈做的手擀面了？你是否还记得记忆中妈妈的味道？

〰〰 汝州人记忆中妈妈的味道 〰〰

怀揣着对汝州妈妈味道的追忆。经过多方推荐，我们寻访团队来到朝阳西路 123 号汝州市文旅美食地标——巧媳妇手擀面馆。

在汝州 沉醉美食

早上 10 点，面馆还未来客，凳椅还未苏醒停躺在桌面上。大堂门口两位年轻阿姨忙着收拾刚从菜市场买来的新鲜蔬菜；后厨案板上两位年纪稍大点阿姨一人一面，一位负责擀红薯面皮，另一位负责擀白面面皮；灶台前一老一少正井然有序地安排切菜、烧水、煮面……

巧媳妇手擀面馆繁忙的一天又将开始，一切看起来是那么的有序和谐。一大清早这一首自然美好的交响乐背后的指挥手就是我们的"巧媳妇"——李亚婷。

"巧"本义指高超的技巧。《孟子·离娄上》曾记载："离娄之明，公输子之巧，不以规矩，不能成方圆。"这里的"巧"字引申为灵巧、工巧、精致、美妙和擅长之义。

初见李姐之时，就觉得"巧"这一词用在李姐身上极为恰当。

李姐看起来年纪不大，长得清瘦精致、小巧玲珑。由于初次见面显得些许羞涩，但仍极有耐心给我们介绍面馆的发展历程。

一家面馆坚持传统的初心

李姐和大多老板开店的初心不同。李姐年少时特别喜欢吃面条，经常在外面小摊上觅食，后来觉得小摊上食物不卫生就突发奇想开了一家面馆。从小吃妈妈手擀面长大的李姐为了延续妈妈的味道，让汝州人回乡有一处可以追溯到家的地方，于是就开了一家只属于汝州人的手擀面馆。

李姐一面跟我们聊着，一面准备下面食材。在李姐看来一碗面的好吃程度除了面条自擀外，其配料也得纯手工制作，不仅安全而且味道还好。

只见李姐搬来一个两斤多重的大蒜白，放入几十颗剥好的蒜粒，拿起蒜锤双手抬起就开始捣蒜，约15分钟后捣好装盘倒入纯净水稀释成蒜汁。又用同样手势、力度捣好一颗颗精选辣椒后成为每位食客必加的"巧媳妇牌独门辣椒酱"。

李姐站在调料桌前一左一右手拿两个大勺分别在装有蒜汁和姜汁两只大盘中加水搅拌，使水分子与蒜、姜颗粒充分接触、混合。一则充分搅匀调料颗粒，二则分解降低蒜姜刺激性气味，满足绝大多数食客的接受水平。

两碗料汁在李姐手中运筹得当，一顺一逆勺随手动、水随勺动，又似手随勺动、勺随水动。真真切切打出两幅八卦太极图，却一滴未洒、一滴未落，这极为考验人的心境与功底。

一碗面中蕴含的乾坤人生

捣好配料，李姐来到后厨面板前开始和面，想要给我们露一手她家的招牌面——红薯手擀面。

李姐强调道，她家食材在汝州乡村农户有专属的红薯、小麦、辣椒生产加工基地，原生态种植、纯手工制作。这么多年一直坚持手擀面经典做法，还原出传统老味道。

从前小麦少，人们经常食用红薯手擀面。汝州老人说，过去来客人做的手擀面条，总有两种颜色。

一种地瓜面做的，黑黑的；一种小麦面做的，白白的。喝罢酒后，上来浇了一样卤汤的面，但是客人碗里是白面，自家人碗里是黑地瓜面，这都是大家心知肚明的"秘密"。所以在吃面的时候不能用筷子搅拌，得从碗底掏着吃，卤汤中的菜一直到最后才吃，免得让客人看见大家都尴尬。

"软面饺子硬面汤。"做手擀面的面团要和得硬一些，做出来的面条才好吃。盐是面之骨，要想让手擀面吃起来有筋骨，事先得在和面水里加一小勺盐，直到面团被揉碾得韧性十足方可开擀。李姐一边和面一边和我讲解着擀面的要领。

和好面后，李姐拿起一根擀面杖把面团卷在上面，用力往前反复推擀成面饼，面饼在擀面杖下翻滚，由厚到薄，来回翻腾，最后就成为一块又大又圆的薄面饼。李姐说擀得越圆越好，最终铺满整个案板，薄近一张纸，圆如一轮月。

汝州人和面评判标准关键是看手光、盆光、案光这"三光"，在一定程度上，厨房"三光"判断了一位主妇的利索程度。

而擀面的过程更像是汝州人对土地与食物的报答仪式。

见证奇迹的时刻到了，看到这块厚薄匀称的大饼被拎起来折叠整齐三层后，李姐右手执刀，左手食指盖压在面饼上，刀口抵在指甲前，手指向后退，刀往前快速切着走。根据个人口味切得宽一些或是窄一

些，一根根儿面条就横空出世了。

面条的粗细长短最能显示一个人的刀工，刀工好的切出来的面条又细又长又均匀，刀功差一点的切出来的面条往往粗细不均、长短不一。切好面条后，及时均匀地撒上一层面粉，以防面条在下锅前粘连在一起。这时手擀面才算大功告成。

切好面条，水也沸了，将面条下入开水中，沸腾后几分钟即可捞出，在凉水中过一遍装碗。同时将过水时令青菜浇在面条表面，食客根据个人口味添加蒜汁、辣酱。

最后加入汝州农村传统配料猪油，它才是整碗面的灵魂、点睛之笔。在微量的特殊蛋白质和甘油酯的分解产物中，诱发出面条独特的植物香甜。动物性脂肪酸在热汤的裹挟中融化分解，渗透到每一粒谷物分子中，跳跃在每一片蔬菜瓜果表面。

挑起一口，猪油的气味分子从口腔扩散到鼻腔后端，后置嗅觉结合味觉体验，美好的事情就这样如期发生了。

这是家的味道，这是让每一个汝州人口角噙香的喜悦符号。

每一碗面都有它独有的味道，因为它给你带来的每一口故事和回忆只有你知道！

秘籍

手擀面做法

食材：红薯面粉、白面粉、应季蔬菜、自制辣椒酱、猪油、蒜汁、姜汁等。

做法：运用原生态面粉和配料食材，坚持纯手工擀面工艺，坚持现磨配料。从选材—揉面—擀面—煮面—浇汁，每一步都秉承传统做法，蕴含着对顾客的真心。

特点：汤汁鲜美、面条筋道富有弹性。

康馨路

朝阳西路

巧媳妇手擀面

富源小区

福鑫小区

福盈街

双盈街

世纪华庭

双拥路

锦绣路

洪盈街

寻访地址：汝州市朝阳西路 123 号

采访视频二维码
打开抖音 搜索页扫一扫

金记
牛肉烩面
打卡推荐
★★★★★

金记牛肉烩面：
一天好心情从一碗好面开始！

我们经常听到"小隐隐于野，大隐隐于市"，这句话不仅可以用来形容圣贤，用在美食中也是极为恰当。如果你有机会来到汝州市，走进一个名字叫"金记牛肉烩面"的地方，一定会对这句话有更深的理解。

在这里，一碗牛肉烩面，能让你感受到汝州人发自内心的好心情。

与其他美食店面略有不同，"金记牛肉烩面"并非位于路边，而是在市场之中。这家店面看上去极为普通的餐馆，却时刻充满食客的笑声。

我们来到店里时，恰逢中午的吃饭时间，据老板讲，这是一天里最忙碌的时间。一碗碗热气腾腾的烩面，记录着汝州人工作间隙的幸福感。

走在汝州街头，你会发现一个有趣的现象，很多美食店名字都是老板的姓氏加上一个"记"字，"金记牛肉烩面"便是其中之一。

这一个"记"字，深含着汝州人对家族美食的荣耀与传承。但是有趣的是，虽然名叫金记，但是姓金的人并非老板，而是老板娘。岁月风华，时代变迁，汝州人把质朴揉捏于面食之中，保留着家族独有的味道。

〰️ 每一碗烩面都是一味人生 〰️

烩面是河南美食的代表，不论在全国的任何地方，吃上一碗烩面，你都和河南老乡有唠不完的家常。在很多人印象里，烩面都是以羊肉居多，牛肉烩面就显得格外稀罕。好的美食总是不背于人，在店里食客可以看到厨房里所有的操作流程。热情的老板带我们走进后厨，一碗烩面的诞生过程，也一览于眼中。

曾有人说，吃一碗烩面的过程就是品味人生的过程。

筋道的面条可宽可细，就如同人生的路有宽有窄；面饼在厨师的拉伸中上下起伏，就如同人生必须要经历起伏；乳白的汤汁细腻润滑，这背后却是骨肉历经煎熬而来的精华。

在烩面上桌之前，加上香菜、海带和葱花，放上辣椒后，色彩相映之间，人生色彩的斑斓也走进一碗烩面之中。而伴着烩面，吃上几瓣蒜，属于劳动者特有的豪放，正是这隐于闹市里的美食特有的人间风味。

世间百种风味，就有着百味人生。让人意外的是，这样一家热闹的美食店铺，其实老板并非本地人。牛肉烩面作为老板娘的家传手艺，也历经波折，夫妻创业16年间，无意之间用一碗牛肉烩面记录了城市的发展历史。

因为夫妻二人来自地处汝州、汝阳、伊川三地交界的临汝镇，所以金记牛肉烩面里有着不同的味道，这细微的差别只有汝州本地人才能品得出来。

一碗好吃的面，要经历面板的摔打，还要经历沸水的翻滚。或许世上本没有天生的美食，只是在长久的坚持中，厨师把心情融进了制作过程中，慢慢形成了激发人们快乐的一种味道记忆。

老板娘12岁开始就跟着祖辈学习制作烩面，从跟着前辈到自己开店，再到夫妻二人开店。一碗烩面，成了伴随人生的重要符号。

随着和老板聊天的深入，我们的话题也从美食转向了家庭。和普通的家庭一样，中年人是家里的主要力量，上有老下有小的幸福，也是所有中年人甜蜜的负担。

早年间，老板也曾在外打工，不仅是为了多一些的收入，更多的是为了寻找一份向往的事业。店铺

的发展，孩子的长大，让这个看上去总是面带笑容的老板有了自己的心事。几经辗转，最后选择回家和妻子一起做好这祖传的烩面。而这一干，转眼就是 16 年。

自己做自己厨房味道的守护神

熟悉这家店的人都会有相同的印象，忙碌在厨房里的老板娘是店里口味的"守护者"。随着店里生意越来越好，虽然现在已经雇用了十多个员工，但是老板娘至今依旧坚持亲自下厨。

而这美味的原因，正是这不间断的日复一日之间，手感和火候的精准拿捏。这也是很多老食客，走很远的路也要来吃上一碗牛肉烩面的原因。

有人说过，任何一个行业做到一定程度，都是艺术家。如果说艺术是激发人们生活中最纯真的快乐，那么一碗牛肉烩面也有着同样的作用。

金记烩面馆有时一天用掉的牛肉可以达到2头牛的量。牛骨加清水熬制面汤，牛肉从洗到切，再到炖肉，一点都马虎不得。我们问起制作牛肉烩面的秘诀，每一个人都说也没什么秘诀。

但是，当仔细观察了厨房，我们发现了其中的秘密。因为厨房并不很大，所有人的环节都尽在眼前。不论是揉面饼的阿姨、切肉的阿姨，还是拉面的小哥，娴熟的动作不带一丝迟疑。正是这些在日常里养成的动作，保证了每一个环节中，食材的新鲜。

当然，后厨最忙碌的还是老板娘。在牛肉烩面的制作过程中，调料的炒制是个十分讲究的环节。至今，老板娘都坚持自己亲自炒制，其实以前也曾尝试着让别人来炒，但是味道总感觉哪里不合适。

美食才是生活间隙里的美好

我们回身去看店里的食客，牛肉烩面是被大家点单率最高的，几个好友一起，每人一碗烩面，再配上个简单的小凉菜，这就是汝州人日常的一顿午餐。

有时候，我们一直在思考生活中的幸福在哪里，当你来到汝州，来到金记牛肉面馆，看到食客脸上的笑容就会很容易找到答案。幸福，并不是单纯的享受，它是在劳动间隙中，停下休息时，吃上一顿可口的饭菜，和好友聊聊家常，谈笑之间自然流露在脸上的笑容。

一个铁皮托盘，装上四碗牛肉烩面，老板穿行在店里的餐桌之间，不时传来客人与老板的说笑声。如果说美食是人们心情愉快的秘方，美食的制作者就是这份快乐的传递者。

镇街头老屋 /

眼看午饭时间即将过去，人们带着吃饱
的满足感快乐地离开。谈起未来的想法，老
板表示对现在的状态很满意，以前也想过
要把分店开到热闹的市区，但是现在
他更加喜欢这个日常的环境，这里
有熟悉的朋友，有人们脸上熟
悉的笑容。

没有什么太多的大道理，
只有日常的小坚持，守住一种味
道，就有朋友为你而来，或许这就是
做好一碗面的秘诀。

秘籍

牛肉烩面做法

食材：面、牛肉、海带、葱花、香菜。

做法：加盐水和面，把和好的面擀成面饼，抹上食用油防止粘连。面饼下锅前，用手快速拉抻，直至成为扁平的面片。牛肉切大块，炖制。牛骨汤加清水熬制面汤，配以老汤做成面汤。面熟后，加上香菜、海带、葱花即可。

特点：面皮润滑、肥而不腻。

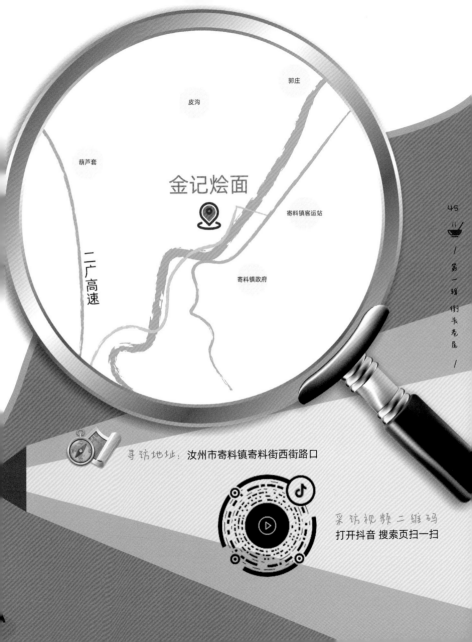

郭庄

皮沟

葫芦套

金记烩面

寄料镇客运站

二厂高速

寄料镇政府

寻访地址：汝州市寄料镇寄料街西街路口

采访视频二维码
打开抖音 搜索页扫一扫

顺旗烧卤
蹄花 灌肠 烧鸡 电话:13461145598

HUAN XING MEI SHI

顺旗烧卤
打卡推荐
★ ★ ★ ★ ★

顺旗灌肠:
口碑是吃出来的，而不是宣传出来的

生活不过油盐酱醋，幸福不过一餐一食。

每天的三餐都是对努力生活的最好回赠，从舌尖的触动到胃的温暖，而美食总能莫名其妙治愈我们的心灵。

"中国人对食物的感情多半是思乡，是怀旧，是留恋童年的味道。"这是《舌尖上的中国》中我印象最深的一句话。长大后，我们总在匆匆离开又匆匆回来。但无论离得多远、时间多久，家乡的味道一直在我们心头荡漾，挥之不去。

临近春节，汝州的年味也已逐渐变浓，这不由得让我想起家乡年夜饭桌上的卤猪肉灌肠。

一卤千年，一城一味

卤味是凉食通称，属于各地耳熟能详的家常菜。种类多样，一地一味。一般地域都有酱香、五香、红卤、麻辣等大众系列，个别地域有盐焗、烤鸭、海鲜、泡椒等特别口味。

中国的卤味源远流长、种类繁多、风味各异。卤味最初从公元前221年秦惠王统治巴蜀到明代的流传过程中，经过千余年。秦代蜀郡太守李冰修建都江堰水利工程后生产出四川最早的井盐，那时人们已经学会使用岩盐和花椒制作卤水。

西汉时期井盐的大量开采和使用，川人"尚滋味，好辛香"的饮食习惯初步形成。经过三国及魏晋南北朝时期的铺垫，卤味在唐朝时越发昌盛。唐朝的文人骚客爱好写诗饮酒，而饮酒岂能少了上乘佳肴，这样就促进了卤味的快速发展。

明代人们注重养生食疗，《饮膳正要》和《本草纲目》的出版受到当时人们的追捧，促进了明代百姓更加重视饮食健康。书中记载的食材有些能够防病、治病，又能达到调味的目的，所以大部分都被作为卤味的调料使用。

20世纪80年代以后，改革开放的发展，从事卤味技术的总结与研发，专业人士增加使得卤味品种更加丰富，技艺也更加精湛。由此中国卤菜进入了空前的繁荣昌盛期。

一锅老卤，三代心血

　　猪肉灌肠是汝州特色传统卤味名菜，在汝州街头几乎每百米就能找到一家灌肠小摊或者百年老店。灌肠切成小片，色泽金黄，外韧里嫩，蒜香辣味浓郁，用竹签扎食，别有风趣，美味无比。这让我这个"无肉不欢"的吃货甚是开心。

　　听说庙下镇有一家独具风味的卤肉店，他家两锅祖传的老卤汁竟比他家灌肠更出名，这让我产生极大的兴趣。我们驱车赶到庙下寻访，这边卖灌肠的卤菜店实在太多了，导致一下车就跑错店铺。

　　千回百折我们终于找到了顺旗烧卤店，门店很小，在一排面馆、超市的招牌中极不显眼，到底是什么魔力让这么多人纷至沓来呢？

　　一进门就碰上老板高顺旗正站在卖卤橱窗前低头切灌肠。高老板虽然姓高但个头不是很高，一身白色厨师服显得精明能干。看到我们进来，立马热情招待，将店里有的烧鸡、灌肠、猪皮冻……切出一盘来让我们都要尝一尝。

这是一家小的夫妻店，既是店铺也是家庭住房。这同大多乡镇小卖店一样，楼上生活楼下生存。

13岁的高顺旗就跟在父亲后面学习卤肉技艺，大街小巷都有的卤肉，经过父辈、祖辈的三代研制在当地独具一格、颇具人气。成婚后分家与哥哥各得到一缸祖传老卤，也是因为这缸老卤才让祖传的味道得以传承下来。

这锅老卤历经40年的岁月、三代人的心血凝聚而成。由八角、桂皮、良姜等十多种中药材的祖传秘制配方小火慢炖卤制而成。正如《黄帝内经》所说"春夏养阳，秋冬养阴"。

老卤烹制出来的灌肠质地适口、味感丰富、香气宜人、润而不腻，具有健脾养胃、祛风驱寒、调中和气等神奇功效，同时能增加食欲，有益营养并且可以增强人们的免疫抵抗力，使人们肤体光洁、骨骼强壮，从而更有利于人们身体健康。物美价廉，及丰富营养和独特的口味深受汝州百姓的喜爱。

饮食男女,无肉不欢

独立门户的高顺旗最初是以做烧鸡起家,夹带卖点灌肠等其他卤菜。后来反而灌肠越卖越好,一天能卖40~50斤,于是开始潜心研究制作灌肠。结合现代技术,精心筛选配料,最终拴住了一群十七八年的老顾客。

当今的顺旗灌肠,也在跟随时代的脚步改善制作工艺,因时制宜,依四时之变调节配方,制作程序考究,最终在一米口径的老卤大锅汤内卤制而成。

高顺旗说,做好一家店其实并不容易,现在顾客的口味特别容易变,明天一家新店很可能就将自己取代了。但自己做了30多年,一直是这条街上的地标美食。这不只是因为食材好而且还得用心。

顾客能够从食物中吃出烹饪人的心意。"我相信口碑一定是吃出来的而不只是宣传出来的。"以平常心对待生活的喜乐伤悲,清清白白做人、干干净净做食物,让周围

父老乡亲吃得放心。在一旁忙活的老板娘补充道，然后和老板相视一笑。

随后高顺旗又拿起一根猪肉灌肠切成薄片，摆到盘中整齐划一，再浇上一点蒜汁，令人蠢蠢欲动。"每天都是新鲜猪肉，一大早去后面市场上选的最好的猪后腿肉。光顾着聊天了，你快尝尝。"

抵制不住老板夫妇的盛情邀请，按按已经十分饱的肚子，手又不自觉地拿起一片。

舌尖味蕾细胞在蒜末和醋的酸辣刺激下立马苏醒过来，开始迫不及待想要探究下一步的美味。用牙齿轻轻咬破包裹在外层的肠衣，劲软耐嚼。经过牙齿粉碎机的反复"压榨"，分泌出来的肉质脂肪伴随着老卤的陈年香味更加浓郁醇厚。心想此刻再配一杯清酒甚好，不知不觉一盘刚切好的灌肠又被一扫而空。

想必一旦尝过汝州灌肠的人在今后的日子里都会忘不了它那独特而浓郁的味道吧，因为我们都是饮食男女。

猪肉灌肠做法

食材：猪大肠、精瘦肉、精制红薯淀粉、姜丝、大料、食盐、味精、鸡精等。

做法：选取优质完整的猪大肠，洗净去油；将优质猪肉切成块状，用温水洗净沥干；生姜去皮切丝；精选瘦肉切成小块，放入切好的姜丝，用料酒、精盐等和少许红薯淀粉，并配上细磨而成的大料面，搅拌后灌入肠中；精选胡椒、花椒、八角、桂皮等十多种中药材熬制成老卤汤；大火烧开，将灌好的灌肠下锅，滚开后转小火，经过一小时左右即可。

特点：独具风味、香嫩浓郁。

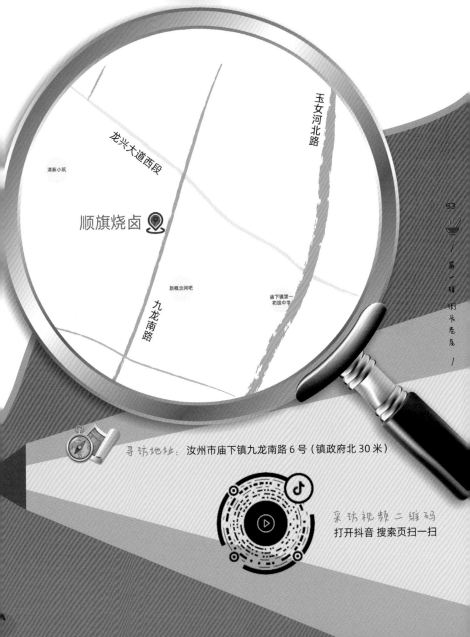

玉女河北路

龙兴大道西段

清新小筑

顺旗烧卤

新概念网吧

庙下镇第一
初级中学

九龙南路

寻访地址：汝州市庙下镇九龙南路 6 号（镇政府北 30 米）

采访视频二维码
打开抖音 搜索页扫一扫

HUAN XING MEI SHI

庙下
淡记羊肉馆
打卡推荐
★★★★★

庙下淡记羊肉馆：
一碗羊肉汤，温暖老乡情

　　河南有 100 多万回民，仅次于宁夏回族自治区和甘肃，是全国回民数量第三大省份。他们散落在河南各个角落。

　　汝州市地处洛阳、开封、南阳等政治、经济、文化、商业中心城镇的中间地带，唐宋时期很多来华经商的"蕃客"长期居留下来，并将伊斯兰教传入本地。

　　长久以往回族成为汝州市第一大人口少数民族。

〰〰 散落在汝州街头的百年老店 〰〰

无论你生活在汝州的哪个地方，都会遇到回民开的清真拉面馆，喜爱过他们制作的羊肉汤，你上学或工作的过程中，肯定也会结识不少回民小伙伴。

回民的生活方式已经成为汝州不可或缺的文化构成。

回族人与中东人相似，多信奉伊斯兰教，伊斯兰教规定穆斯林要吃"佳美的食物"。羊吃的是青草，喝的是干净的水，性情善良，被认为是最干净的动物。于是羊肉成为回民主要肉食。

清代回族宗教学者刘智在《天方典礼择要解》中明确提出"饮食，所以养性情也。""凡禽之食谷者，兽之食刍者，性皆良可食"，又说"惟驼、牛、羊具纯性，补益诚多，可似供食"。

在汝州走访这几

天，街头"清真""回族""牛羊肉"等招牌字眼随处可见，它们有的是用黄字桐油刻写的红木牌匾，有的是用简单旗布简写的小摊店名，但大多冠名的都是正宗老字号的由头。

第一辑 街头巷尾

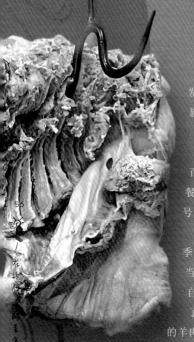

在汝州随便找家店走进去，你会大吃一惊，发现这个"小旮旯"竟然是百年传承下来的"家族企业"。

来汝之前曾在网上做过吃货笔记，在小红书上看到不少游记攻略推荐汝州庙下镇的一家百年老字号——淡记羊肉馆。据说曾获得中华餐饮春节联欢晚会美食、食材评选工匠大师称号，在当地方圆百里无人不知、无人不晓。

庙下处汝州市西部，半丘陵地区，四季分明，冬季寒冷多西北风。当地居民多为回族，那么这自然少不了味正地道的羊肉馆了。清晨起身来一碗鲜香奶白的羊肉汤，一碗下肚，全身通泰，风采烁然，"真得劲！"

淡记羊肉馆是当地年份最久的一家羊肉馆，已成为庙下镇地标性建筑，驱车赶赴镇里很容易就能找到。还未进门就已听见熙熙攘攘的点单声："老板，给俺来两碗汤。一碗放辣子，一碗不放辣子！""好嘞，你先找个位坐下，马上就好！"

吆喝声正是来自淡记羊肉馆第三代传人淡占太，淡师傅热情好客、大气豪爽，笑起来挺起圆滚滚的大肚子更显得憨态可掬、慈善祥和。这让我想到了画里的弥勒佛，不由地与他亲近起来。

流动的岁月，不变的味道

淡氏家族祖籍山西洪洞，淡记羊肉汤在清顺治年间已远近闻名。后因战乱，清顺治年间，淡氏祖先迁徙到庙下镇定居，羊肉汤制作技术依然代代相传。

改革开放后，淡氏重新经营起这一"祖业"。淡占太的爷爷淡法旺在老家淡庄重新开业，主营羊肉汤、羊杂汤、羊肉糊。当时5毛钱一碗的羊肉汤，料足味美，得到周边父老乡亲的喜爱，于是店面越开越大。

经过父亲淡天才一辈的传承，1979年在汝州市庙下镇庙下街开设了汝州市庙下第一家羊肉馆，主营淡记羊肉汤、羊杂汤。15岁的淡占太由于家庭条件差，辍学在店里帮忙，到后来结婚生子，他的一生与羊肉汤相伴。

如今小儿子淡光辉毕业回来帮父亲打理着生意，而将近60岁的淡占太还不太放心，继续在厨房帮衬着。

淡师傅说，其实在汝州，羊肉汤属于"大众饭"，没有什么特别的地方，唯一的区别是做汤的心。做汤很简单，只是做汤的人和喝汤的人有差别。

做汤的人要用心，喝汤的人才能放心。"后厨厨师都是在这干了20多年，很多人宁愿不上学也要在这干。"

淡光辉从小喝着淡记的汤长大，这是传承的历史，更是不变的味道。

58

乡亲们的暖心汤

/ 在汝州 馋醉美食 /

淡师傅一家不是回民，但淡记的肉必须选自回民的羊肉。因为回民羊肉经"阿訇"持刀处理，讲究干干净净地屠宰和进食，才能不膻不腻。"我家汤就是肉多！"淡师傅憨憨笑道。

淡记每天得用140斤羊肉，新鲜质嫩的羊肉、羊骨，经过清洗，放入一大口铁锅里大火浸煮，加上十几味中药材足熬制8小时。有客下单，大锅开火捞起一勺秘制羊油，取等量一旁已经蒸好的海带丝、羊肉片爆炒数秒，立即从大铁锅中舀起一碗已经炖好的羊汤趁着大火倒入锅中至沸腾，装碗撒上少许葱花、香菜，上桌！

奶白色的羊汤闪亮着层层油花，汪汪冒着蒸腾热气，右手拿起一块发面火烧泡入汤中，一口下去大汗淋漓，任督二脉顿时通畅，好不洒脱快活！

每天早上4点淡记就开始忙碌，很多客人都是周边几十年的老主顾。曾经有一天早上淡光辉因为家里有事给耽误了，6点到店门口一看，门口石梯上坐着一排老太太、老先生自己拿着蒸馍，坐这儿等了2小时只为喝碗汤。

多年前有个云南小伙子来汝州做生意，不幸被骗，身无分文地坐在饭店门口。淡光辉爷爷看他长得斯斯文文想必遇到什么困境，就把

他领到店内煮了一碗热腾腾的羊肉汤让他赶紧暖暖身子，同时给了他20块钱的路费帮助他回家。

2018年小伙子千里迢迢搬来两箱礼品来感谢爷爷"救命之恩"。来到庙下镇，街道店面却已发生了翻天覆地的改变。于是问当地人，"庙下开的时间最长的一家羊肉馆在哪儿？"这才找到淡记羊肉馆。

然而那时爷爷不幸已经离世，小伙子没有再见到爷爷一面。以后小伙子或许会忘记爷爷的模样，但我相信冬日里的那碗羊肉汤的味道一定不会被忘记，并且会深深刻在他的心里。

秘籍

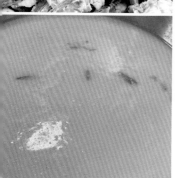

羊肉汤做法

食材：羊骨头、羊肉、海带丝、香菜。

做法：选料—宰杀—分离—浸泡—烹煮。

首先主料精选本地散养山羊，配料选用羊骨、羊肉以及循环使用的百年老汤。大火浸煮，待羊肉、羊杂煮熟起锅后，留下羊骨文火熬制。煨出一锅色泽光亮的乳白色原汤，取等量的羊肉，配以葱花、蒜在热油中爆过，沏入原汤，烧至沸腾，掺进适量熟海带丝，调味，勾入少许面芡，撒上葱花，微开即可装碗。

特点：汤汁醇厚、鲜味爽口。

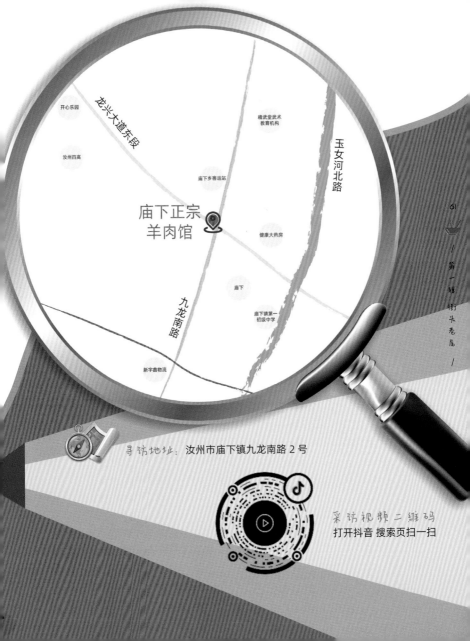

开心乐园

龙兴大道东段

汝州四高

精武堂武术
教育机构

庙下乡客运站

玉女河北路

庙下正宗
羊肉馆

健康大药房

九龙南路

庙下

庙下镇第一
初级中学

新宇鑫物流

第一辑 街头巷尾

寻访地址：汝州市庙下镇九龙南路 2 号

采访视频二维码
打开抖音 搜索页扫一扫

HUAN XING MEI SHI

胡记传统
胡辣汤
打卡推荐
★ ★ ★ ★

胡记传统胡辣汤：
喝碗胡辣汤，再回家！

如果和老汝州人聊天，总会经常听到一个地名——西关桥头。带着泛黄的记忆，走在老西关的街上，穿街走巷的同时，偶然闻到的一种味道总是让人念念不忘。如果说起西关美食，很多人会不由自主地给你推荐一个地方：胡记传统胡辣汤。

胡辣汤，是中国北方早餐中常见的传统汤类名吃。这一点，在地处中原的河南省更加明显。很多老汝州人都有一个习惯，远道归来后必先喝上一碗热乎的胡辣汤，源自西关桥头的胡记胡辣汤则是很多人的首选。

对于很多身在异乡的人而言，一声亲切的乳名是对家最深情的记忆。所

以如果你问起汝州人哪里的胡辣汤好喝，经常会有人告诉你西关桥头胡老四胡辣汤一定去尝一尝。带着好奇，我们来到了这家传奇的餐馆。

〰〰 一碗胡辣汤，让你爱上吃素 〰〰

胡辣汤在中国很多地方都有，但是当一碗热气腾腾的胡辣汤端到面前，总感觉哪里会有一点特别。于是，我们的对话也就从这特别的胡辣汤开始了。

这里的胡辣汤之所以显得特殊，是因为这家店里的胡辣汤是素胡辣汤，也就是没有肉的胡辣汤。带着满心好奇，我们迫不及待品尝起了胡辣汤。一口胡辣汤从嘴里进到胃里，通心顺气，瞬间让人精神许多，相比以往喝过的胡辣汤，这里的胡辣汤更显得不油腻。

中国地大物博，美食资源丰富。凭我的经验，但凡有美食的地方，这个美食背后也一定有着有趣的故事。对于一个美食制作者，从吃开始是最好的话题起点。

随着和老板胡顺国的渐渐熟悉，这位如同邻家大叔一般的胡老板也和我们打开了话匣子。胡辣汤在汝州有悠久的历史，胡辣汤传到这一代已经经历了三代。一碗传承近百年的胡辣汤，在汝州的快速发展中，却一直保留着原有的味道。

古语有言"一年之计在于春，一日之计在于晨"，对于很多汝州人来讲，一天的生活正是从这一碗胡辣汤开始。

进到店里，一口锅煮着胡辣汤，两寸来宽的锅沿上堆簇着葱丝、鸡蛋饼丝、辣椒丝、豆腐丝和豆角等，五颜六色伴着扑鼻的香气，让早起的人们分外有食欲。

胡叔娴熟的

动作可以称得上是一绝，先舀上一勺胡辣汤，再沿着锅沿走一圈，爽脆的豆角碎、软嫩的豆腐丝、清香的葱花就进入碗中了，最后再淋上一小勺醋提提味。转眼之间，一碗胡辣汤就端到了面前。

一碗看上去简单的胡辣汤，其实制作过程并不轻松。胡叔说，制作胡辣汤的关键一步在于面筋的制作，胡老四胡辣汤之所以被人们喜欢，其中一大原因就在于制作胡辣汤的面筋都是他亲自制作。

此外，素胡辣汤所用原料为豆腐丝、豆角、鸡蛋饼丝、辣椒丝、葱花、胡椒粉、粉条、花生米、面筋，对原料、香料配比严格，食材加工考究，味道清醇，因颜色浅，无色素添加之虞。食用时添加红醋或陈醋，入口爽滑，味道清淡醇厚，食用后有沁人心脾之感。

如今，在快速的城市发展中，汝州市变化日新月异。胡老四胡辣汤也意外成为网红美食打卡地。经常有来自不同地方的记者或者美食栏目来店里采访。

因为是祖传的手艺，胡叔谈起胡辣汤自然是滔滔不绝。有别于很多人印象里的网红印象，胡老四胡辣汤虽然名声远扬，但是老板在店面经营上一如既往地保持着淳朴。也正是这份淳朴，默默地在岁月中守候着老汝州人的记忆。

一碗胡辣汤，坚守的不仅是汝州美食的味道，也传承着汝州人憨直本分的性格。

我们曾有这样的疑问：胡辣汤究竟有什么魅力让人为这种美食痴迷？采访了很多爱喝胡辣汤的人，我们终于找到了答案。

对于一碗胡辣汤，胡椒是占有首席地位的重要调料。一口汤到嘴里，胡椒的麻辣之间，让人顿感清醒，这种难以言表的美妙不仅是美食的体验，更是一种对心脑的洗礼。

四季一味，不忘回家的路

汝州市是汝瓷的故乡，历史的长河中，汝窑作为宋代五大名窑之一，汝瓷所独有的文人之风，也潜移默化地影响着汝州人。老辈人常说，按旧时习俗，不论身在异乡是达官显贵还是富甲一方，只要回到故乡都要自降身份，一方面方便和家乡父老相处，另一方面也有盘龙卧虎

的寓意。

如果从这个角度去想，那么喝胡老四胡辣汤成为很多人回家第一件事，以至于有"先喝胡辣汤，随后回家门"的传说也就不足为奇了。不管远走千里万里，只要一碗喝下去，瞬间让胃找到家的感觉。

如果有机会在汝州的街头走一走，你会发现很多餐馆的名字都是姓氏后面直接加一个"记"字，相比之下胡老四胡辣汤是一个特别的存在。

掐指算起，自清

朝末年开始，胡老四胡辣汤已经传承百年有余。身为第三代传承人的胡顺国潜心研究，"胡老四"已经成为汝州人对这家胡辣汤的爱称。对于习惯了在外被人们常年叫学名的人们，只有家乡的亲人和相邻才会以家里排行而称呼。

四季轮回，一汤一味，不同颜色的菜如四季的颜色，常伴于汤边。或许连老板自己也意识到，从文化价值来看，胡老四传统胡辣汤已经承载了几代人记忆中"家"的独特味道。

一碗胡辣汤，品味的是人生的哲学，中国崇尚儒释道的哲学思想，中华传统文化中的"天人合一""阴阳五行""中和之美""重生养生"等。

生命是一餐一餐的往复，人生是一次次离家和归家的交替。如今，胡老四胡辣汤在汝州最具古韵的中大街开店近百年。一碗胡辣汤，或许我们不需要给出一个喜爱它的理由，就像我们不需要理由爱自己家一样。

但是，只要不忘胡辣汤的味道，就总能记得回家的路，还有路边亲切的卖汤大叔"胡老四"。

秘籍

素胡辣汤做法

食材：面粉、豆腐、鸡蛋饼丝、胡萝卜、豆角、蒜薹、辣椒、豆腐、葱等。

做法：用特别技艺，将面粉制作成面筋。添加调料，将汤熬制成糊状备用。将熬好的汤放置在炉火上小火保温。将胡萝卜、豆角、蒜薹、辣椒、豆腐、葱等切丝，围放于锅边备用。食用时，将菜丝添加至汤中趁热食用。

特点：传承百年、营养滋补。

西关北拐

洗耳中路

恒祥生活超市

西关街

望嵩学校

📍 胡老四胡辣汤

69

福地国际
花园·南区

中大街

汝州城隍庙

西关南拐

汝州图书馆

望嵩南路

汝州市金庚
康复医院

水坑沿南街

第一辑 街头巷尾

寻访地址：汝州市中大街 484 号

采访视频二维码
打开抖音 搜索页扫一扫

三兄粉皮
打卡推荐
★★★★★

绿豆粉皮：
"可有可无"与"必不可少"之间的矛盾菜

　　这次在汝州寻访一周时间里认识了不少做汝州家宴的老板，他们有的藏身于小市饭馆，有的出入于盛宴高堂。而每次我都会向他们寻求汝州家宴的"正宗菜单"，款式多样，规格多异。

　　在我收集的多份宝贵菜单中，"绿豆粉皮"总以各种精美的名字、不同形式出现在每份菜单中。

　　这让我不禁好奇绿豆粉皮在汝州人心中到底处于什么地位呢？于是随口就问起正在开车的向导小丽。小丽回答："在我们汝州日常家宴上，粉皮其实很特别，它可有可无但少了它又会觉得整个宴席不完整。"听小丽的解释，绿豆粉皮在汝州人生活中似乎是个"可有可无"但又"必不可少"的矛盾体。

于是突然兴起就在朋友圈做了一个有趣的小调查，相继询问身边20位不同年龄段、不同职业的朋友。"你觉得你生活中'可有可无'又'必不可少'的存在是什么？"

得到的答案五花八门，"可乐""金钱""学习""爱情""汽车"……当有朋友反问我之时，我陷入深深思考。

对于我来说，它可能是家乡的豆丝吧，就如同汝州人宴席上的那盘绿豆粉皮。

〰〰 大自然馈赠下汝州人的智慧 〰〰

在一代代汝州人对美食的记忆中，总少不了粉皮的存在，其实不光是美味，还是美好岁月和浓浓亲情的凝结和延续。

《本草纲目》曾记载："绿豆，消肿治痘之功虽同于赤豆，而压热解毒之力过之。且益气、厚肠胃、通经脉，无久服枯人之忌。外科治痈疽，有内托护心散，极言其效。"具有神奇的食疗功效，可以"解金石、砒霜、草木一切诸毒"。

绿豆是中国传统的豆类食物，含有多种维生素、钙、磷、铁等矿物质，故有"食中佳品，济世长谷"之称。因其营养丰富，中国先民早已用其制豆酒或炒食，或做饵顿糕，或发芽作菜。

聪明智慧的汝州人从不将自己困于一张乏味的传统清单上。180年前清道光二十年间，一位灵巧聪颖的汝州祖先在城关西街小巷水坑沿偶然间完成了这一传统食物的巧妙转化。

经过100多年岁月的碰撞与交替，汝州人为满足舌尖上的那一份完美，下足了功夫。初见绿豆粉皮成品包装之时，我无论如何也不能将眼前这坚硬得如"塑料片"似的玩意儿与餐桌上那Q弹利口的美味联系在一起。这让我迫切想了解它神奇转化的过程。

〰〰 "塑料片玩意儿"的神奇转化 〰〰

车辆经过军民街，小丽说这附近正好有个三兄粉皮厂我们可以去采访一下。它曾被河南省宣传部授予"粉皮行业领先品牌"，也是河南省第一家在继承传统手工艺的基础上，自主研发加工制造机械化为一体的农副绿色食品生产基地。

来到三兄粉皮厂，与我想象的那种有着几十台"高大威猛"的机械厂房不同。它是基于绿豆粉皮生产、加工、销售一体化家庭作坊类场所。老板郭亚飞无奈叹息道："绿豆粉皮是我们汝州的地标美食，但由于它最初属于手工制品，

都是以家庭为单位进行制作销售，规模小无品牌影响力，最近几年我们厂研究以机器代替手工就是想要扩大销量从而打出我们汝州粉皮的品牌。"

传统的手工粉皮制作极为讲究，老汝

州人总结出"七分旋、八分揭、九分摊、十分搬"的十二字真绝，即"铜锣快慢看水温，溜边揭起能圈圆；收补窟窿摊圆整，水油刷晒看阴晴"。最终研制出独一无二的汝州特产。

郭亚飞热情地向我介绍记忆中老汝州粉皮的传统制作过程。

第一步要选上等的绿豆制作绿豆淀粉，经过温水浸泡（夏天一周，冬天半个月）后放进石磨中，磨成白色的糊状，再放进大罗或纱布做的晃单内过滤，沉淀后再用细箩过滤一遍，制成绿豆淀粉。

第二步涮粉皮，把调好的汁状淀粉舀进热锅内漂浮着的铜锣旋子内，双手抱着铜锣旋子在热水里旋转，淀粉在美丽的旋转中慢慢摊开，像个圆圆的煎饼，又像一轮圆圆的满月，不一会儿粉皮就在铜旋子内成型。

第三步揭粉皮，迅速将铜锣旋子抛入身边的清水缸内冷却，短暂的冷却后，伸进水淹的铜

锣旋子内，利索、迅速揭起粉皮放进清水盆内。

第四步摊粉皮，捞出粉皮托着旋转数圈，然后摊在抹了油的秫秆箔上，把粉皮上细小的漏洞及时修补圆整。

第五步就是晒粉皮了，一张张水灵灵的洁白圆形粉皮排列有序地静卧卷箔上，等干时从秫秆箔上把粉皮揭下来，绿豆粉皮就做好了。做成的粉皮薄似蝉翼，光洁如玉。晒干后的粉皮可长期存放且不易变质，而且食用方便，

立食立泡。

现在亚飞等一批新汝州创业者用机器代替传统手工，既保留粉皮传统味道又将销售量提升不少。"以前手工一天只能做100多斤，现在机器能做600~800斤，而且机器能做得比手工更薄。"亚飞笑道。说完拿出刚从机器中"新鲜出炉"的一袋粉皮放在40℃左右的温水中浸泡，现场给我们做一道汝州家庭快手菜以表示汝州人的待客之道。

"冰清玉洁"粉皮的酸甜苦辣

浸泡变软的粉皮明若窗绫、洁如白璧，冰清玉洁的模样实在让人不忍心下口。然而人类"舌尖上的贪念"最终战胜了"心里的良知"，只能忍痛"辣手摧花"残忍将其撕成碎片。

然后相继拿出自家种的黄瓜、红萝卜、小葱，切一刀细细的黄瓜丝和红萝卜丝，撕上几根绿油油的

小韭菜，再撒上一把红辣椒丝。最后调上芥末、麻酱、香油、姜汁、五香粉等佐料加以搅拌均匀，一盘美味的绿豆粉皮就做好了。

晶莹剔透的粉皮配着红色的胡萝卜丝、绿色的黄瓜丝、黑色的木耳、金黄的金针菇……阳光透过餐台洒在上头，五彩缤纷，好看极了。夹起一口，粉皮的绵软筋道在黄瓜、

萝卜的爽口衬托下更显清润。

粉皮伴着特殊的芥末油气息打开嗅觉系统的同时瞬间激活了沉睡在舌尖上 100 多个味觉细胞。芥末气体顺着嗓子扶摇直上，窜过鼻子、穿过眼睛，直逼额头顶部，整个人不由自主地打了一个激灵，"爽"！

凉拌粉皮在汝州家宴众多的荤菜中独树一帜，独具风味，清雅清淡，吃一口荤菜，配一口粉皮，清爽利口，惬意之至。

汝州粉皮已经成为汝州人联络感情、寄托思念、传递友情中极具特色的纽带。离开三兄粉皮厂之时，我竟然也放不下汝州的这一份"可有可无"，购上几包以慰离开时的"必不可少"。

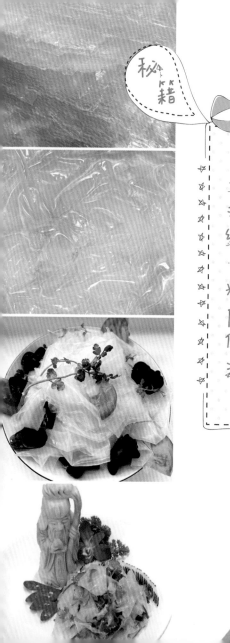

凉拌绿豆粉皮做法

食材：绿豆粉皮、黄瓜、胡萝卜、西红柿等新鲜食蔬（喜爱荤菜者亦可加入鸡肉、猪肉等肉类）、芥末油、香油等配料。

做法：食用时，先将干粉皮放入 40℃左右的温水中浸泡 2~3 分钟，待变柔软后撕成碎片，用牛、羊、猪、鸡、鸭、鹅等肉丝，均可搭配拌和，做成凉荤菜；或拌黄瓜、西红柿、芹菜等菜蔬，用芥末、麻酱、香油等为佐料，成为凉素菜。

特点：简单清爽、筋道利口。

广城西路辅路

锦绣路

广城西路

煤山公园

富民一街

三兄粉皮

纸南村邮电局

刘家食品直销
配送中心

军民街

家的味道
养生蒸味馆

阳光嘉苑

寻访地址：汝州市军民街西四巷 9 号

采访视频二维码
打开抖音 搜索页扫一扫

汝八宝
打卡推荐
★★★★★

HUAN XING MEI SHI

汝八宝：
冬日里的乡愁

特殊的地理气候位置形成中国悠久的农耕文明，短暂的瓜果蔬菜种植期让古人找到一种独特的方法将美味延续。通过曲霉、食盐，以及瓷器的生产和应用技术对蔬菜进行盐渍贮藏。

最终形成代代相传的"酱制"技艺，千余年来不断升华演绎，荟萃成丰富多彩、独具中国特色的酱菜美食文化。

中国酱菜美食的灵魂无处不在，穷极富极之人皆喜食。

皇帝都无法抵挡的邪恶酱菜

曾经看过一档节目《皇上吃什么》，发现一个有趣的事情，原来不起眼的酱菜不只属于平民百姓，竟早就登上了皇上的御桌。

清朝的皇帝娘娘们对酱菜全都很衷情！乾隆皇帝的酒宴菜单、慈禧太后的饭后茶点，都有它们的倩影。久而久之，酱菜便成了皇帝正餐四十八品中的常驻之客，十分有小菜变大菜、麻雀变凤凰的势头。

特别是乾隆皇帝，完全是一个酱菜脑残粉！他特喜爱吃蛋类和蔬菜做成的小菜。根据第一历史档案馆收藏的《进小菜底档》显示，在乾隆三十九年（1774）十一月至四十三年（1778）四月，乾隆皇帝食用这类小菜多达上百种。

其中不乏河东河道进贡的瓶装卧瓜、江南河道进贡的酱瓜、锦州进贡的卤虾豆角、浙江进贡的糟鹅蛋、东北盛京（今吉林）进贡的卤虾芸豆……

今天的酱菜美食文化旗帜鲜明，形成了南味、北味两大味别体系，南味扬州酱菜，北味六必居。

作为一个土生土长的北京人，酱菜伴随着我的成长。

深秋时节，这是黄瓜拉秧的季节，正式进入腌黄瓜季。家家户户都会腌黄瓜、酱黄瓜，用来配面、配粥都是绝搭，鲜香爽脆，非常可口。

酱菜会长的新梦想

我们驱车 2 小时来到城区外的蟒川镇蟒川村，打算来汝州旅游烹饪美食协会拜访会长王幸国，了解一下汝州的菜系特点。不巧王会长有事在外地赶不回来，于是我们索性开启了蟒川镇的美食探寻之旅。

旅游烹饪美食协会坐落在一座汝鼎记食品厂里头，而会长王幸国正是厂主。副会长杨朝峰一边带我们参观食品厂一边叙述着王会长的光阴故事。

"小时候就经常吃妈妈秋季腌的黄菜，用一个大陶罐，将秋天采摘的青溜溜的芥菜秧腌起来，到冬天没菜吃时拿出来，用大油一炒，那种酸爽可口的味道一辈子都难以忘记。"这是王会长的办厂初衷，推出汝州旅游品牌，留住记忆中的乡愁。

于是在 2018 年 7 月，蟒川村汝鼎记食品厂成立。而今功成名就，全心推广家乡品牌的王会长，年轻时也是个在外闯荡的漂泊之人。

王会长十几岁跟着父亲在饭馆里学做饭，那时候年轻气盛的王幸国有一个远大的名厨梦，不能老是做那简单的肉片汤。

17 岁的王幸国第一次离开父亲独自闯荡只为追求他的第一梦想。来到古都洛阳，先后在雅香楼、洛阳宾馆等知名酒店学习了豫菜"洛阳水席"和南方菜系粤菜，成为将南北菜系带回汝州的第一人。

　　两年后，王幸国学成归来，先后被聘为行政总厨，在当时知名的兴业大酒店、小南海、城垣食府等酒店任职。18年行政总厨的从业生涯，让王幸国不仅开创出一道道汝州新菜品，对酒店管理也形成了一套自己独特的方法。

　　一边担任行政总厨，一边继续外出进修，善于学习、永不满足。后来又先后师从河南省中州宾馆豫菜宗师吕长海、中国烹饪大师陈进长。

　　在做了18年的行政总厨后，突然有一天王幸国辞去高薪职位，毅然到北京丰泽园酒店学习鲁菜技艺。并拜"中华食雕第一龙王"赵慧源为师。

　　20年辛苦学习只为磨一刀，融合了南北菜系技艺的王幸国，在2006年完成了从打工仔到自主创业当老板的人生蝶变。

　　回到汝州的王幸国开办了一家属于自己的家宴城，颠覆了汝州家宴城中低档菜系的传统风格。

　　如今作为汝州旅游烹饪美食协会的他又找到了新的梦想，将汝州味道推广出去，对于他来说汝州味道就是那一瓶妈妈的味道。

/ 在汝州 徐醇美食 /

四季的延续与再生

参观期间正好碰到一位酱菜师傅将刚晾干的芥菜丁搬进屋内准备炒制。芥菜是汝州冬季才有的时令菜，一到冬日，家家户户开始腌制芥菜丁。对于汝州人芥菜的地位就如同东北冬天的大白菜，于是停下脚步等待新品出锅。

炒制间内设备简单，一口大锅便是全部。只见王师傅将干辣椒、花椒、姜、糖、盐等基本配料放于碟中准备齐全，大火热油倒入新鲜芥菜丁，相继放入调料，爆炒三分钟左右即可盛出。随后放入脱脂机、杀菌灭菌等设备间内自然发酵，约一周以后即可收获美味。

步骤简单，操作方便。但对火候、时间的掌握却极为严格。"形美、香溢、色艳、味醇、咸鲜"是评判一瓶酱菜是否合格的五大标准。

时间太长会蔫掉、太短则夹生，火候太大会糊、火候太小则锁不住水分。

就如同人与人之间的
相处，太近会生厌、太
远会疏离，关键在于一个度的
完美拿捏。

汝八宝，顾名思义有八样宝
贝。但其实厂内有九样产品，其
中不乏春季的秘制香椿酱、夏季
的牛肉西瓜酱、汝八宝西瓜酱、
秋季的脆爽酱黄瓜、冬季的老汝
州爽口芥丁，还有一年四季都会
有的八宝辣椒油、汝八宝芝麻盐、
酱香红萝卜和老汝州豆角肉末。

因季制宜，根据季节时令菜的
不同汝八宝的种类会产生变化。这
是汝州劳动人民历代生存的智慧，
食材因季而生、因季而灭，巧妙运
用时间的转化又让其获得再生，让
四季的气息在舌尖上得以延续。

无论是一碟汝八宝酱菜，还是
一份八大碗，抑或一碗浆面条，每
一道地道美食都有它独有的灵魂，
也都有它传奇的故事，背后都是无
数人默默的努力与付出。

秘籍

芥菜丁做法

食材：晾干芥菜丁、盐、糖、干红辣椒、花椒、鸡精。

做法：新鲜芥菜洗、切、焖制发酵一周后炒制。首先大火热油加入姜、花椒、干辣椒等调料，炒香后加入芥菜丁，对火候精准拿捏，闻到芥菜清香时立马盛出，随后放入晾晒间自然晾干 8 小时，即可真空包装。

特点：酸辣开胃、香脆爽口。

硕平花海

230县道

📍 汝鼎记

河西村

蟒川镇政府

寻访地址：汝州市蟒川镇蟒川村汝鼎记食品厂

采访视频二维码
打开抖音 搜索页扫一扫

旺哥
麻辣兔肉
打卡推荐
★ ★ ★ ★ ★

旺哥麻辣兔肉：
兔肉店旺哥的快乐生活

　　说起最休闲的城市，相信很多人给出的答案都是成都。成都的夜晚格外迷人，成都的美食让人垂涎三尺。数不清的美食之中，兔头几乎是度过休闲时光的最好选择。

　　不论是一人独享，还是三五成群，吃着兔头总能度过一段好时光。正是这样的魅力，让一位汝州厨师为之着迷，不远千里来学习做兔肉的厨艺，这个人的名字叫张怀旺，四川话里对男子有种称呼叫"哥老倌"，而汝州人也给了他一个亲切的昵称——"旺哥"。

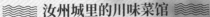

汝州城里的川味菜馆

在汝州众多本地特色的美食店面中，位于广成中路 23 号的湘蜀家常菜旺哥麻辣兔肉是个略显特别的存在。如果你有汝州朋友，在你想吃一些特别美食的时候，相信很多人会带你来这里。

简单的小店，厨房里厨师的身影在忙碌着，若不是墙上的介绍随时提醒着你，很容易把这里误认为是四川。

和很多人一样，年轻时总有一颗追梦的心。早前，做一名好厨师是旺哥的梦想，靠着自己的厨艺闯出一片天地，想想都是让人兴奋的事。

在郑州的许多有名的饭店里，都有过他的身影。在众多菜系之中，他最喜欢的是川菜。用他的话说，他喜欢川菜的味道，也喜欢看人们吃川菜的享受。

正像歌里所唱的，"外面的世界

很精彩，外面的世界很无奈"。年龄的增长和家庭的出现，旺哥有了回乡的念头，用自己在外学到的手艺给家乡人做美食，还能照顾到家里的亲人，这无疑是一个一举两得的好办法。

创业是一件让人兴奋的事，但是开起饭店要做什么菜，是第一个要决策的问题。

千里学艺为兔肉

生活就如同是五味美食，总会在你感到无味的时候给你一些调剂。一个无意的机会，旺哥接触到了来汝州找兔子的采购商。聊天中，他得知原来汝州的很多兔子都被运到四川，被做成兔肉美食。

看到采购商挑选兔子的过程，他还注意到了一个细节，肉质好的兔子都被挑走运到四川，留下的大多是普通的。想到汝州本地人却吃不上优质的兔子肉，身为厨师的旺哥有些气愤，就在这如麻辣味道的刺激下，他转念一想，在汝州做兔肉正是自己要找的商机。

喜爱川菜的人，性格也有着四川人骨子里的精干。旺哥坐上了火车，亲自去四川学习兔肉的做法。

作为一个厨师，他深知最好的美食一定要亲赴当地学习制作技艺，感受食客的状态。因为有

在汝州唤醒美食 /

厨师的基本功，在四川的学习可以用"神速"来形容。因为有了目标，旺哥也觉得这和以往打工的感觉完全不一样。趁着身在四川的优势，除了兔肉他还学习了很多川菜的做法。

一个厨师，一幅牌匾，一间店面，一锅老汤，时间一晃转眼就是十多年。如今，店面生意好了起来，店里的伙计也慢慢学会了制作兔肉的技巧。每天一大早，大家分工做好自己的环节，这时的旺哥也是其中忙碌的一员。

用娴熟的手法将兔肉切大块，经清水煮过后，再放进陈年的老汤中小火慢熬。在食客的享用下，一大锅兔肉慢慢变少，这是店里厨师们一天最大的快乐。

选择做兔肉，旺哥可以说是剑走偏锋。把一个并不是很大众的美食做长久，他深知口味是唯一的标准。

任何一种美食，都离不开源头的好食材。想做好兔肉，第一步就是要选到肉质上成的活兔。在供应商上，他在经过长期对比后，选定了固定的供货商。每天早晨，去兔场抓兔子成为旺哥的日常健身项目。对兔子的选择，他有一套自己的评价标准，不达标的兔子他坚决不要。

小兔子激发大梦想

实现了最初的梦想，旺哥心里又暗暗有了新的计划，虽然有固定的供货方，但是他还是想有一个自己的养兔场，用野生的方法去放养兔子，自然生长的兔子因为运动量大、食物多样等原因，这样的兔肉做成美食口感会更佳。

如果有机会来到湘蜀家常菜旺哥麻辣兔肉的店里，你会发现一个有意思的现象。店里的菜单有老板推荐的套餐，几人食用，什么价位，10多道菜品冷热搭配，方便了食客的选择。

旺哥说这些都是在常年的开店过程中，根据食客的喜好，慢慢摸索出来的。如今，很多老食客，逢年过节或亲友团聚的时候，都会带上一家老小，来店里吃上一顿。

谈起店里的常客，旺哥在长期的开店过程中，也发现了一些有趣的现象，爱吃兔肉的人群里，很多是高知识、高学历，有着不错工作的人群。在与食客的交流中，让他对吃兔肉的好处有了更多理解。

兔肉属于高蛋白质、低脂肪、低胆固醇的肉类。蛋白质含量比一般肉类都高，且脂肪和胆固醇含量却低于所有的肉类，故对它有"荤中之素"的说法。从中医角度，兔肉性凉

味甘，被称之为"保健肉""美容肉""百味肉"等。

得知吃兔肉有这么多好处，一盘兔肉不再是简单的美食，它还是美好生活中重要的一部分。

虽然在手艺行当里，一般的厨师并不愿意把自己的秘方外传。但是旺哥是一个特殊，用他的话讲，一个小店，大家就像是一家人。偶尔他也会送一些做兔肉的老汤给伙计们，一碗充满人情味的老汤，是暖人心的好礼物。

不论在哪里，美食都是陪伴人们休闲时光的方式之一。每一种美食，都是一个特定的秘密，有着自己独特的功能和使命。

兔肉，或许就是能够让人找到休闲放松感觉的那种，作为一名厨师，看着疲惫一天的人们在自己店里吃上一顿兔肉，这或许是最大的满足。

如今，汝州越来越好，人们夜晚更愿意出来消费，或许就在不久的未来，这里也能够找到在大城市吃夜宵的感觉。张怀旺认为，吃美食最重要的是好心态和让人舒服的场景，如果有可能，他希望有一天能有一个自己的生态园，让人们走进生态园，品尝他做的兔肉，享受一段休闲的时光。

 秘籍

麻辣兔肉做法

食材：兔肉、秘制酱料等。

做法：新鲜兔肉切块腌制，起锅烧油滑溜，添加 30 多种秘制酱料翻炒，装盘上桌即可。卤制麻辣兔肉是经过十几道工序，再添加各种香料和二十几种中药材制成。

特点：风味独特、辣麻爽口。

绿洲凤凰城

民盈街

广城中路

汝州市第一
人民医院

湘蜀家常菜
旺哥麻辣兔肉

城垣中路

广城东路

利民街

天瑞国际饭店

营房街

寻访地址：汝州市广成中路 23 号（物价办对面）

采访视频二维码
打开抖音 搜索页扫一扫

阳阳手擀红薯面：
抖音里的手擀面西施

　　钱锺书在《吃饭》一文里有这样精辟的比喻，吃饭有时很像结婚，名义上最主要的东西其实往往是附属品。

　　2020年，"我太想喝奶茶了"的话题在短视频平台播放过亿；复工后，"秋天的第一杯奶茶"流量高达24亿，对我们来说，想喝的其实并不仅是一杯奶茶，更多的是以奶茶为媒介的一种社交情绪交流方式。

　　近几年随着抖音、快手快速平民化渗入，给当地美食餐饮店带来更多的曝光机遇，转化效果甚至比找本地美食大V投广告效果更好。

消费者可以通过视频对餐厅更加了解，对老板更加熟悉，因为他看到过。

〜〜〜 在抖音上发现美食 〜〜〜

"一座城市叫汝州；一种面叫正宗手擀面；一个特质叫独一无二；一种情调叫吃出时尚；一种回答叫我在吃手擀面条。'阳阳手擀红薯面'每天坚持发手擀面图片，不是为了让你看到马上就来店里吃面条，而是让你知道我的手擀面不添加任何添加剂，面条的筋道，味道的正宗，只有自己吃过才知道。当你，看到食品中曝光掺入拉面剂、面筋道、一滴香等各种香精，时不时还觉得现在吃什么最放心、最健康……请你想起我的手擀面，然后再来尝一碗，最后让它独特的味道征服你。你会从不屑一顾到非这家手擀面不吃（哈哈）味道好不好，只有吃过才知道！

欢迎新朋友到店品尝，地址：市标北 300 米路西阳阳手擀红薯面。"

这是汝州一家红薯面馆老板娘解素玲在抖音上宣传自家面馆做的短视频之一。这些短视频为红薯面馆吸引来了不少生意，其中有汝州当地人也有很多外地人，当然这种无形的影响力也辐射到了我们汝州市文化广电和旅游局的本地人。

寻访期间正当我们梳理汝州人气美食时，汝州市文化广电和旅游局一位同事提议在抖音有一位网红老板娘，不仅长得好看面而且面还做得"得劲"。她也是偶然刷到视频前去打卡被成功圈粉，成为阳阳红薯面的常客，还经常带自己的朋友去吃。

在小城的"熟人社会"里，这种现象并不少见。但还是勾起我们对这位"手擀面西施"的好奇，并将其列入我们下午的寻访行程中。

这是一家并不起眼的小店，坐落在一排洗浴店、餐饮面馆中间。如果不带我特地寻找，我可能今生都无缘吃到这碗"真轩"（汝州话：好吃的意思）的面，于是更加想解开这家店的不平凡。

由于提前在抖音上关注了老板娘，我们进去一眼就认出了素玲，本人比视频中更开朗健谈。抖音上的熟悉感缩短了现实中的距离感，我们的访谈很快就进入状态。

一部红薯史，半部生活史

素玲夫妇两年前从父亲手中接过这家面馆，具体算起来这家店已有将近十年历史。红薯面条是汝州人最传统的主食，素玲父亲当时仅仅想着要把汝州本地传统美食推广出去，将老一辈的记忆传承下去，于是开创了这家红薯面馆。

"红薯面条红薯汤，红薯蒸馍送老娘。一天三顿靠红薯，断了红薯饿断肠。"红薯是河南人民群众记忆中的爱与恨，也是汝州人民的生与活。

当初"文化大革命"期间，河南兰考和黄泛区人民靠红薯充饥过日子。一部红薯史就是当时广大农村生活穷困的日常生活史。

闽人陈世元的《金薯传习录》和山东按察使陆耀撰写的《甘薯录》中特别提到："河南与山东相邻，早在乾隆八年之前河南汝州、鲁山一带即已种植甘薯。"当时的《汝州续志》明确记载红薯"植易收广，堪备荒灾"。

这让我想起小时候在爷爷家，每到秋末时节天气开始转凉，这是吃红薯的季节。爷爷种出来的红薯又粉又甜，满满一车似乎满足了我整整一个冬季的零食。烤的、蒸的、晒的……在南方，我们似乎只是将红薯作为一种休闲时的零嘴。

三十年河东又河西。如今不缺吃、不缺穿的人，由于现实的诱惑过多，念想多过食欲，反而胃口渐降。而红薯就地打个拨浪儿翻了身，卷土重来，成为养生保健的头号食品。

素玲介绍道："红薯面条讲究个筋道，最重要的来源是这个面粉，这个面粉必须用剥皮红薯粉，还得加上白面，这样擀出来的面才是柔滑爽口的。"

记得小时候爷爷为了将又大又实的红薯留得时间久点，会运用奇妙的魔法将它进行华丽变身成为保存长久的剥皮红薯粉。

天刚蒙蒙亮，一辆辆满载红薯的架子车就在长街磨坊门前排起长龙，一个上午长时间等待，满车形状各异的红薯就变成了一桶桶红薯糊。

接下来就是"过粉"。先在大木桶上交叉架上两块结实的圆木棍，木棍下挂上一块足够大的纱布，纱布四角需垂到桶外。往过滤纱布上倒入一水桶红薯糊，加入半桶清水后，前后左右加以摇摆，摇摆过程中要不断地加入清水，这样红薯糊中富含的淀粉就通过纱布渗入木桶中，而红薯渣则被留在了纱布中。

那时经常蹲在木桶旁托着腮望着爷爷摇动纱布，"一圈、两圈、三圈……"就像最初摇动着摇篮里的我一样，一边摇一边说"摇啊摇，摇啊摇，摇到半桶，爷爷就给你做山粉圆子！"（山粉圆子：红薯粉做的一道地方特色菜）

经过整整一夜的沉淀，清晨撇去缸中的浆水，剩在缸底雪白滑腻的就是红薯淀粉了。用刀将红薯粉挖出放到摊开的白布上，提起白布四个角，包成包袱状，挂在铁钩上继续控去多余的水分后将大粉面块敲成小块摊到竹筐上多次晒干。

"在擀红薯面条的时候，夏用凉水冬用温水，只有这样，面团才有筋丝，才能擀成面片、切成面条，下到锅里条块分明，就不会成一团糊糊。"素玲一边准备食材一边和我介绍。因

更专业

手擀面

此，擀红薯面条也是有讲究的，否则擀出的面条不是太硬就是太软。硬了，吃起来噎人；软了，就成了糊状，没得了食欲。

和面的时候，应该不急不躁，根据面的多少用水，然后拿双筷子在面盆里来回搅拌，直到成为糊状，这样才下手和面，稍稍凉下的面团也不会烫手了。只有这样，揉出的面团才瓷实，擀出的面片才匀称，切出的面条才三棱，吃起来也就爽心、利口、筋道。

素玲一边和面一边说："一个厨师的心情决定了一碗面的好坏。"这时我打趣道："难道你能保证你每天都是好心情吗？"素玲哈哈大笑说："别人和面的心情管不了也放心不了，这是自己的店当然得用心去和，只有自己的事情自己干才放心嘛。"

这么多年不管物价怎么上涨，阳阳手擀红薯面一直稳定在8块钱，素玲说："多站在顾客角度考虑，要让8块钱的东西吃的有8块钱的价值，我们也一直坚持最传统的红薯面做法。"

这就是一家小店的坚守，一位汝州人的情结：让传统手擀红薯面在我们这一代人中间继续传承延续下去，千万不能让老祖宗的东西在我们这辈断了！

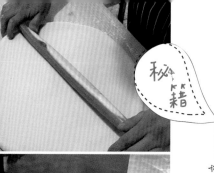

红薯面条做法

食材：红薯面粉、白面粉、时令蔬菜、特制面汤。

做法：将农家剥皮红薯面粉、白面粉分别兑水和面，发酵约 30 分钟，完成后用白面团包裹红薯面团继续擀面约 20 分钟，切片拉面，下汤，水沸捞起加入烫熟时令蔬菜。最后根据各自口味加入调料，其中阳阳家自制辣椒酱鲜辣可口、爽香味美。

特点：筋道香甜、爽味利口。

朝阳中路

永安街

东海蟹钳海鲜
烧烤虾尾

阳阳手擀
红薯面

康盈街

永安街

风穴路

舒嘉园

广城中路

寻访地址：汝州市风穴路市标北 300 米路西九排 1 号

采访视频二维码
打开抖音 搜索页扫一扫

清真谢记烧烤鱼味坊：
爱养鸽子的马老板

　　"树上鸟儿成双对，绿水青山带笑颜。" 这句出自黄梅戏《夫妻双双把家还》中的名句称得上家喻户晓。夫妻协力同心，如同鸟儿比翼双飞的浪漫场景，寄托着无数人对幸福生活的梦想。在汝州市有这样一家餐馆，虽然是夫妻同心协力经营，但是门店上却有两块招牌。

　　如果有机会来汝州旅游，当你走到望嵩南路与滨河北路附近，请记得留意一家店，"清真谢记烧烤鱼味坊"和"向涛家爆肚面"同时挂在一家门店上。如今这里已经成为很多人重要的美食打卡地，然而这个有趣的场景背后，还有着一段动人的故事。

很多时候，美食像是一种可遇而不可求的艺术，做的人需要一些机缘，吃的人也需要一些巧合。

如果在店里稍作停留，相信你也不难发现。这家店里有一个被点单率特别高的美食——爆肚面。很多人是通过抖音从远处慕名而来，一盘看似家常的爆肚面，你可曾想到，它改变了一个男人的人生。

≋≋≋ "面条天团"中胜出的爆肚面 ≋≋≋

汝州人爱吃面食，在清真餐馆里面条更是必不可少的美食。在吃过一顿烧烤大餐后，再来上一碗爽口的面条，缓解油腻的同时又能填饱肚子，相信很多爱吃烧烤的人都有类似的习惯。约上三五好友，来到清真谢记烧烤鱼味坊，不管是撸串还是烤鱼，这都是很多人休闲时光里的美好记忆。

烧烤唱主角，面条做配角，老板娘负责烧烤，老板负责做面条，妇唱夫随的小生意也算是经营得有滋有味。但是在老板马向涛心里，却深藏着一个小小的梦想，那就是有一天他的面能够唱主角。

在很多美食的典故中，都有类似的情节，老板不舍得浪费食材，于是将原本不相干的食材混合，意外得出人间美味。

或许老板马向涛自己也没想到，这样的传说竟然发生在了自己身上。对于忙碌一天的他而言，把厨房剩下的食材下锅爆炒，再拌上面条，这就是他日常的晚餐。小龙虾、羊肉串、炒辣椒……但凡厨房里有的，几乎都被他用来拌过面条。久而之，各种奇怪搭配的面条，无意之间往后厨组成了一个"面条天团"。

爆肚是清真美食里广受欢迎的美食，优选的牛肚或羊肚切成丝，在沸水中简单地加工，脆嫩筋道的口感蘸上调料，让人回味无穷。这讲究吃"鲜"的爆肚对厨师的手艺有着很大考验。面对厨房剩余的牛肚，马向涛一如寻常，把爆肚和辣椒、洋葱等一起下锅爆炒，然后浇在面条上当作晚餐，谁知这一吃竟然创造了一款网红的爆款美食——爆肚面。

据马向涛回忆，为了验证爆肚面是否真的好吃，他先后煮了20多斤面条，又复用爆肚配上不同的蔬菜炒制成卤，和面条拌在一起给身边的人吃。在收获了众多的肯定之后，他感觉面条唱主角的机会到了。于是，这爆肚面也从后厨里的"面条天团"正式出道，走上了人们的餐桌。

〜〜〜 信鸽比赛促生爆肚面吃辣比赛 〜〜〜

很多时候，看到和拥有之间还有一个过程，那就是坚持。眼看着爆肚面将要火起来的时候，突如其来的新冠疫情给整个餐饮行业泼了一盆冷水。

餐馆的生意不理想，而雪上加霜的是随着家里拆迁，马向涛养了多年的信鸽不得不面临送人的境地。用他自己的话讲，除了开餐馆做面和养鸽子，他没有其他的爱好。这经济与精神的双重打击，就好像是让这个男人失去了双翅一样。

和很多曾经在外打工的汝州人有着相似的经历，早年在外当过销售的马向涛是一个对外面世界充满向往的人。随着结婚生子，回到汝州和妻子开起了面馆生意。凭着在外面的见识和身上的一股

闯劲，开一家汝州著名的面馆是他回到家乡后的愿望。为此，他先后到西北、山东等地拜访名师，学习烹饪技艺。

如果有机会和马向涛聊聊天，你会发现谈起鸽子他有着说不完的话。鸽子与面条之间究竟有什么联系，这也让我们感到好奇。

因为曾经学做面条的老师喜爱鸽子，马向涛也受影响爱上鸽子。心爱的鸽子不仅能让他与全国各地爱好者交流，养鸽子的过程还是反复重温老师教诲的过程。

手里做着爆肚面，心里想着鸽子，脑子里不断重复着"鸽子不死必归"的精神，这是很长时间里马向涛的真实状态。在这胡思乱想中的过程中，他突发奇想，为何不能把爆肚面的美食与信鸽比赛结合，来搞一个吃爆肚面的比赛呢。于是这个有趣的比赛就在这里诞生了。

爆肚面的特点就是爆肚脆嫩的口感，加上红辣椒与青辣椒带来的刺激，拌着面条一口吃下，管饱又过瘾。在研制爆肚面的过程中，马向涛尝试用过很多种辣椒，他发现每个人吃辣后的反应都不同，索性就来一个爆肚面吃辣比赛。

起初是身边亲友，接着是店里熟客，再后来竟然有郑州、洛阳等地的游客慕名而来。食客的好评，不仅让餐馆又热闹了起来，还让他得知原来自己是汝州第一家做爆肚面的，以至于很多餐馆都竞相模仿。

〰〰 一盘爆肚面开起的"网红店" 〰〰

如今，店里的生意一天天红火起来，真的应验了马向涛所说的"不死必归"。

在搬进了楼房之后，他又找到了新的地方重新养起了带给他信念与幸运的鸽子。为了能给食客做出更好的爆肚面，他注册了商标。在原来"清真谢记烧烤鱼味坊"的招牌旁又挂上了"向涛家爆肚面"的招牌。

我们好奇地问他，有没有想过自己再单独开一家店。他说和妻子一起开了10多年面馆，也经历过生意兴衰，多年前他们就曾同时开过几家面馆。经历了疫情之后，更让他感到只要和家人一起就是最大的幸福。

对于未来，他有着自己的想法。他半开玩笑地说，现在让面条在餐馆里唱主角的愿望还没实现。

其实，马向涛或许自己还没发现，随着很多汝州本地和周边的人纷纷来到店里吃爆肚面，大家用抖音把吃爆肚面的视频发到网上，他的爆肚面已经成为餐馆里的主角。妻子看着来往食客的称赞，也早已经把他看作平顶山周边的"网红老板"了。

爆肚面和烧烤，也像是鸟儿的双翅，带着这对夫妻飞向幸福的生活。"你我好比鸳鸯鸟，比翼双飞在人间"的美谈也正在这家餐馆里从故事变成现实。

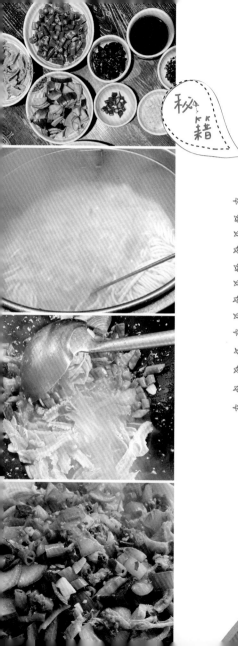

秘籍

爆肚面做法

食材：面条、牛肚、洋葱、辣椒等。

做法：先将鸡骨、羊骨、牛骨熬制高汤，将拉面放入骨汤中煮熟。牛肚下开水做成爆肚。将爆肚与洋葱、青辣椒、红辣椒等一同快速炒制，炒制好后浇在煮熟的面条上，拌匀即可食用。

特点：爆肚脆嫩、辛辣爽口。

清真谢记
烧烤鱼味坊

洗耳刘庄
卫生服务站

刘庄中街

刘庄
回民小学

望嵩南路

汝河北路

寻访地址：汝州市望嵩南路与滨河北路北 200 米路西

采访视频二维码
打开抖音 搜索页扫一扫

实惠小吃
油馍
打卡推荐
★★★★★

实惠小吃油馍：
阿伯阿姨的幸福厨房

　　人生，就是一顿饭接着又一顿饭。常有人说，"一花一世界，一树一菩提"，有些事情虽然看起来小，但是其中却能品出人间百味。

　　正是这一餐一饭之间，不同的人把对生活的理解融入美食的制作当中，这日常入口的餐食，就算是寻常的食物，也是最美的人间烟火。

　　在汝州，有这样一对阿伯阿姨，在一个平淡的厨房里，每日做着他们幸福的味道。

全新的一天从早餐开始

如果有机会来到汝州市，一定记得到风穴路走一走；如果你还能早起，一定记得到风穴路35号的实惠小吃去吃上一顿早餐。

在每一座城市，早餐对人们一天的工作和生活都有着特别的意义。一顿简单的早餐，不仅是暖胃的食物，它也是让身体感到新一天开始的信号。

邻里街坊遇到一起吃个早餐，相互聊上几句，不论是开个玩笑，还是有什么新闻，就算只是句简单的问好，也是让人倍感舒服。而实惠小吃，恰巧给人们创造了这样一个空间。

对于常来的人，吃上一两个油馍，再来一碗稀饭，这是早晨最好的能量。厨房里忙活的阿伯阿姨，就是这种快乐的使者。

不大的店面里，两个忙碌的老人，世间万物但凡做到阴阳平衡，都是一处好风景。店里油馍有两种，阿伯做的面和鸡蛋油馍，阿姨做的菜油馍。多年来练就的熟练技艺，两个人并肩做饭，像是一种比赛。

吃油馍讲究趁热。看着由面做成的面糊倒入饼铛，迅速把面糊均匀在饼铛中铺开。伴着热油与面糊接触发出的吱吱声，香味也随之飘出。待一面煎炸至金黄，翻面再煎另一面，两面金黄后即可上桌。趁热吃上一口，香嫩的口感让人难忘。

相比之下，菜油馍的制作难度更大些，在调面糊的时候，菜量不能过多，如果菜量多，一方面容易让油馍松散，另一方面菜经过煎炸后容易变黑，所以制作地道的油馍，是长期经验的积累。

而如做馅料用的菜，既不能切太大，也不能切太碎。如今，随着年龄的增大，再加上食客的增多，阿伯阿姨又雇了人帮忙，这个小吃店也在欢声笑语中度过着每一天。

每一种幸福都来之不易

常言道"梅花香自苦寒来"，每一种
幸福的到来都并非轻而易举。趁着阿伯阿
姨休息的片刻，如果和他们聊聊家常，你
会发现这背后也有着不寻常的故事。

对于经历过20世纪90年代的人而言，
"下岗"这个词绝对是印象深刻。就像刘欢
演唱的那首《从头再来》，万千的下岗工人都必
须面对人生的从头再来。不巧，阿伯就是这下岗人潮中平
凡的一员。

时值中年，阿伯下岗，阿姨也没有工作，家里三个孩

子要抚养。这样的困惑也曾困扰着这对夫妻。放下了原来的铁饭碗，自己谋生的第一步就是要决定做什么。

思前想后，他们决定从汝州人最爱吃的早餐油馍做起，这一做就是20多年。据阿姨介绍，现在他们依旧坚持早上4点多起床，认真做好各个环节。如果你问她起那么早会不会太累，她会略显骄傲地说，孩子小的时候我们忙着带上孩子，边做油馍边看孩子，现在比起那时好多了。

人生就是这样，它不会辜负善良的人，也不会亏欠努力的人。

如今，阿伯阿姨的三个孩子都已经长大，有在平顶山发展的，也有在汝州做医生的，随着生活的改善和老人年龄的增加，孩子们也曾想让二老享受天伦之乐，不再辛苦做油馍。但是老两口还是坚持拒绝了孩子们的建议。多年来，做油馍已经成了他们人生的一部分。

家常的油馍让城市融洽

就像是店面的名字一样朴实，如果你问他们把油馍做得好吃有什么秘诀。"货真价实"是他们最真诚的表达。说起来简单的四个字，并不仅仅是面用好面、菜用好菜的事，而是凭着真心去做每一张油馍，不管市场怎么变，每一张油馍的价格都公道。

如果和阿姨多聊几句，你会发现她有着自己对"货真价实"的理解，不同的季节菜油馍选用的菜其实不同，比如冬天会用茴香，夏天会用韭菜，有时候还会选用野菜马齿苋。不同的菜品吃四季的轮回，用心制作的油馍是对时间的记录。

在所有的商业行为里，"实惠"都是一个很难去决断的标准。店家追求营收，食客追求更好的美食。但是在"实惠小吃"多停留一会儿，你会发现这里是能让你找到答案的地方。

阿伯阿姨用心做着自己的油馍，食客像在家一样自助拿取食物。食客和店家的融洽就是实惠的真谛。一家普通的小店，很多个普通的早晨，食客把这种亲如一家的氛围带到城市各处。

看着阿伯阿姨的身影，会让你对老年人的幸福有一种特

街头巷尾 /

别的理解。老年人的幸福并非是不做任何事的清闲，而是让他们去做自己爱做的事。用阿姨的话说，在家做饭，吃饭的就只有家里那几个人，在店里做油馍，每一个和自己孩子年龄相仿的人都像是她的孩子，看着他们吃得高兴，自己也就跟着高兴。

人们常说的"老吾老，以及人之老；幼吾幼，以及人之幼"，大概就是这个意思吧。

有人说，夫妻就是决定一辈子要和他（她）一起吃很多顿饭，阿伯阿姨不仅做到了一起吃很多顿饭，还做到了一起做很多顿饭。

如果说幸福是有味道的，那么这种味道绝对不能独享，它会随着你的分享更加浓烈。世界再大，最让人难忘的永远是家；家里房子再变，永远不变的是妈妈的味道。

家常味道的油馍，不论是配上一碗胡辣汤，还是一碗普通的白粥，都是人间烟火的味道。如今，生活越来越好，孩子们也越来越支持他们的店，这家看似普通的店也正在成为汝州人们舌尖上对汝州味道的记忆。

秘籍

汝州油馍做法

食材：面、时令蔬菜、鸡蛋、食用油、盐等。

做法：将面粉加水做成面糊状。加入鸡蛋和菜搅拌均匀。饼铛放油后加热，将面糊放进热饼铛，煎炸至两面金黄即可。

特点：细软酥口、早餐必备。

永乐街

风穴路

⊙ 实惠小吃店

金鼎时代广场

广成中路

绿洲广场

广育路

汝州市第一
人民医院

寻访地址：汝州市风穴路 35 号

采访视频二维码
打开抖音 搜索页扫一扫

第一辑 街头老店

温记水饺总店

HUAN XING MEI SHI

杨楼
温记水饺
打卡推荐
★★★★★

杨楼温记水饺：
专做一种口味的汝州饺王

"扁食扁食吃着香，黑狗看着馋哩慌。骑它身上搋它走，娘说骑狗烂裤裆。"这是源于汝州本地的一曲扁食童谣，汝州人口里的扁食，实则水饺。

人间有味是饺子。凭借1800多年来中国百姓对"好吃不过饺子"的极高评价，赋予了水饺为中国"国食"的崇高地位。饺子的风味，是一幅国人饮食结构的缩略图。

国食饺子的出生证明

饺子，早已不仅仅是一种美食，还是中华文明的符号。正如咖喱之于印度、寿司之于日本。而饺子的每一个部分，无一不蕴含着中华民族文化，表达着人们对美好生活的向往与诉求，是家的团聚、爱的陪伴。

饺子是中国美食的形象代言人。说到中国，老外们无不赞美饺子的美味，它就如同熊猫一般是国宝级别的存在。无论他们吃过还是没吃过，至少都能说明自己对中国并不是一无所知，能够迅速找到双方的共同话题。

正所谓"南汤圆北饺子"，中国北方已成为水饺的主要溯源地。对小时候在以米饭为主食的南方来说饺子简直是个"奢侈品"，只有在贵客到来之时，饺子才被当作饭前"茶点"垫垫肚子。来到北方用了两年时间才慢慢适应饺子的"普遍性"。北方人高兴了吃饺子，不高兴也吃饺子；过节吃饺子，得奖也吃饺子。

饺子是北方人酸甜苦辣生活的调剂品。

但是似乎从未有哪个吃货考虑过地处"不南不北"尴尬位置的河南水饺的悲酸心情，只有极少数人才知道它是中国饺子的出生地和主要生长地。

水饺的雏形来自出生于河南的神医张仲景的"祛寒娇耳汤"。从冬至施药到除夕，为无数患者治好了冻耳的疾病。让人没有想到的是，张仲景施药救助病患的一剂良药，如今竟成了除夕夜百姓餐桌上不可或缺的主食。

由于河南发达的农业生产，自调味料到方便速冻食品，从零食到饮料，从餐桌到下午茶，中国人"吃"的问题，几乎全由河南承包。全国市场四分之一的馒头、五分之三的汤圆、十分之七的水饺，都产自河南；"三全""思念"等知名品牌更是享誉国内外。

河南是国人厨房。

汝州饺王——温记水饺

由于临近年关，小城镇务工人员陆续返乡，大街小巷的小吃店铺渐渐排起长龙。正当我们寻访车辆驶入杨楼镇的商业街，一个有趣的现象引起我们的注意。

仅约几百米长的商业街道却林立着十几家"杨楼水饺"招牌店铺，只是他们冠名的姓氏不同。例如这次我们寻访的汝州饺王——杨楼温记水饺，它正是杨楼镇温姓家族传承三代的40年老店。

温记水饺凭借着传统好味和新鲜好料不仅是杨楼水饺的明星企业也是汝州水饺的杰出代表。

杨楼温记水饺如今在全国已有6家分店，汝州本地就有2家。目前杨楼镇店是温记水饺总店，这次接待我们的正是第三代掌门人朱利峰。朱哥是个"耿直boy"，与我们先前接触过的"友善好客"的店主似乎有点不大一样。

由于临时加了一个行程导致下午3点才到温记总店，这时店里客人依旧很多，几乎座无虚席。朱哥站在一个并不醒目的收银台前，仿

佛等了我们很久。谁知朱哥一开口就是"你们再不来我就要去午睡了！"说完哈哈大笑，立马带我们直奔主题爬上一条狭窄的木质楼梯来到二楼水饺包制间。

包制间不大，两位穿着白色工作服，看起来约七旬的阿姨坐在面粉机前，低头拱背正忙着将"新鲜出炉"的饺子皮裹上饺心，似乎一抬头就会打乱她们内心的节奏。左手拿饺皮，右手拿筷调馅、活馅、放馅，先合中间再从两角压褶合缝。整个动作如行云流水，两秒一个，手工出来的形状样貌简直如同机器标准化生产。

本打算了解一下温记水饺的秘方调料，找到它的独特性，不料朱哥再次耿直道："我这些都是商业机密，肯定不会告诉你的。但是只要吃了一口，你就会知道答案。"与朱哥对话过程中，他的手机里一直传出"10元、12元"手机收钱吧到账的播报声。

耿直男孩的商业机密

温记水饺店每天限量400碗，如果不来早点可能就吃不到。正如朱哥自己所说："无论城里还是镇里头人来店里都会问，'有蒜没有老板？'好些人不吃蒜，但总是感觉吃饺子就点蒜是常态。"这就是传统的味道。

温记水饺承袭着汝州最传统的口味，专做一种馅料的水饺——猪肉大葱。男女通吃、老少皆宜。

为适应当今顾客口味变化，各类水饺店不断推陈出新，推出"榴梿""麻酱""西红柿"等奇葩口味。在温记历代传承人心中仍然坚持相信大部分人还是最喜欢传统口味，而店里也坚持只做一种口味。

"憨瓜接嘞大，憨憨的，要学能。"这是温记历代留下的经营之道，也是我们的处事哲学。专注只于一件事，并将其做到极致。

成功的人或事都有相似的地方。三全水饺创始人陈泽民曾这样总结三全的发展之路，"搞什么事都要专注，以小博大，什么大事都是从小做起，从基层做起，一点一点，不要贪大求洋，不要好高骛远。这样的话，稳中求快，在发展的同时，一定要稳字当头，一步一个脚印，扎扎实实的，不要冒进，要稳稳当当"。

正聊在兴头上，同行汝州市文化广电和旅游局同事们帮忙点的猪肉大葱水饺也上桌了。朱哥说："你尝一口就能发现我家水饺和别人家的水饺不同之处。"抱着半信半疑的心态，夹起一个秀气可人的水饺欲放入口中，被当地同事拉住示意他家水饺和醋放一块儿才是绝配。

在醋碟中滚一圈一口咬下一层不薄不厚的外皮，鲜美香甜的汤汁首先触碰舌尖，紧实筋道的猪瘦肉在牙齿一张一合的反复挤压中渗透出脂肪的甘甜。醋的香酸和肉的清甜顿时在嘴巴这个极小空间里迅速

街头老屋

绽放。

吃完一颗，再喝一口热腾腾饺子汤，清新醋味，重振舌尖的味觉因子，让下一口的咀嚼依然保持完美的味觉体验。

这一刻突然发觉这味道似曾相识却怎么也记不起源头，但我竟然能够理解刚采访的顾客周果果一家人对这家店的依恋。

饺子从来都不是高级食物，好吃的饺子也没有独门秘诀。因为爱和温暖，家里的饺子才有了独一无二的味道，温记水饺也正是因为这独一无二的味道才有了家的感觉。

秘籍

猪肉大葱水饺做法

食材：新鲜猪肉、大葱、面粉、特制调料。

做法：每日使用新鲜猪肉，祖传特制配方进行活馅，精选面粉擀出标准饺皮，由店内多年熟练工人全手工包制，最后放入特制饺汤中煮沸，出来的饺子不散不腻，汤饺是店内绝对经典推荐。

特点：鲜香甘嫩、肉紧味美。

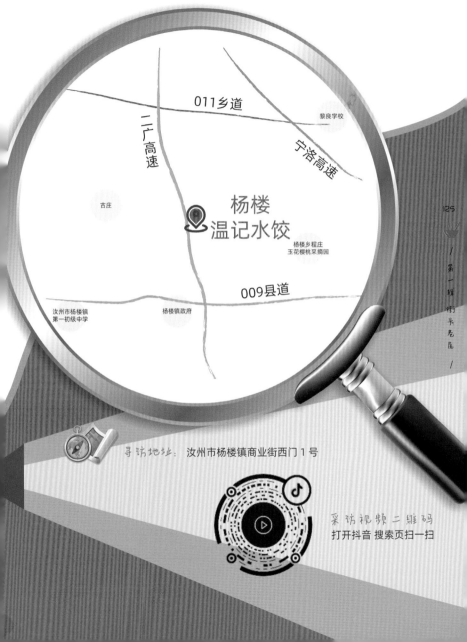

011乡道

黎良学校

二广高速

宁洛高速

古庄

杨楼
温记水饺

杨楼乡程庄
玉花樱桃采摘园

009县道

汝州市杨楼镇
第一初级中学

杨楼镇政府

125

第一辑 街头老屋

寻访地址：汝州市杨楼镇商业街西门1号

采访视频二维码
打开抖音 搜索页扫一扫

陈记油茶
热豆腐

HUAN XING MEI SHI

陈记油茶
打卡推荐
★★★★★

陈记油茶：
意外发现的汝州潜力非遗

　　奶奶曾告诉我，随着年龄的增长，我们会忘记一些人、一些事；但童年吃过的味道，哪怕只是一个路边摊，也总是忘不掉。

　　即使走过再远的路，看到小时候的路边摊，还是想要去坐一会儿，仿佛，坐在小摊上的这一刻，我们就可以回到无忧无虑的童年。

味蕾的永恒记忆

大年三十夜晚，孩童时代对年的热情与期待似乎被岁月弱化。放弃了12点的守岁与"开大门"，坚守着对"养生条例"的践行早早洗漱准备入睡。躺在床上，听着外面此起彼伏的鞭炮声，客厅传来《难忘今宵》春晚经典乐曲。

这时房门打开，老妈捧来一碗冒着热气的银耳红枣汤让我喝完再睡。晚饭还未消化的我很不情愿地舀了一勺送入口中。突然童年的记忆匣子被打开，思绪被拉回到了从前……

这就是我一直寻找的童年味道，陪我跨过几十余载的年的味道。整整熬制十余小时的木炭烟火气带给我极大的安全感。

马塞尔·普鲁斯特（Marcel Proust）在他的长篇巨著《追忆似水年华》中曾经有这么经典的一段："带着点心渣的那一勺茶碰到我的上腭，顿时使我浑身一震……一种舒坦的快感传遍全身，我感到超尘脱俗，却不知出自何因……这感觉并非来自外界，它本来就是我自己……然而，

回忆却突然浮现在我的脑海：那点心的滋味就是我在
贡布雷时某一个星期天早晨吃到过的'小玛德莱娜'
的滋味……莱奥妮姨妈把一块'小玛德莱娜'放到盛
有不知是茶还是花草茶的杯里浸过之后送给我吃。"

每个人的童年一定都有这样
一味美食，或许是一碗银
耳汤、一瓶盐汽水、
一袋辣条、一屉馒
头……它也许藏
在你家小区楼
下的胡同里，
也许藏在你
放学回家的
路上。形式
不限，但里面
悄悄藏起来的
惊人爱意却都
如此雷同。

〰〰〰 油茶的香稠与汝州人的乡愁 〰〰〰

寻访过程中搜集到很多汝州网友推荐信息："我们家乡的油茶一定
得上汝州美食地标名单，它简直是我们全部的童年！""我每年回家一

定得去小学门口在李阿姨的小推车上喝一碗暖和香稠的油茶。"

正如汝州歌谣中所唱的汝州油茶："下学小跑回到家,爷爷带我喝油茶。喝完油茶嘴一抹,写着作业乐开花。"由于汝州油茶细腻清淡,适合小孩和老人食用,是每一位土生土长的汝州人必然喝过的童年味道。

油茶的香稠也就承载了每一位汝州人抹不去的乡愁。

由于工作性质平时有很多机会接触到这片土地上形形色色的人与事,所以自然而然对这块生我养我的土地的一切有着特别的好奇心与探索欲。

本以为油茶是西北地区苦寒之地的暖身之物。曾在京之时专程选中农历十五大集之日来到通州区的一个偏远集市品尝地道北京油茶。

而中原油茶与北方油茶相差甚大,却各有其妙。京津地区颜色浓郁为甜口,汝州地区颜色偏淡为咸口。河南早餐也只有油茶可以与胡辣汤媲美,但现在想要找家地道的汝州油茶极不容易。

汝州的潜力非遗

在汝州市文化广电和旅游局同事们几天的辛苦寻查下,终于找到一家地道的汝州油茶。

下午4点我们的车辆拐入主城道的一个分岔胡同口,胡同里是一栋栋带着些许年代感的老居民楼。即将到放学时间,一位位骑着特制后座自行车的大爷大妈从自家居民楼出来，互相问好致意："今天你去接娃呢？""是的呀，今孩儿他奶忙得很！"十米胡同外是城区主道路，上面人来人往，川流不息。

胡同内是生活，胡同外是奔波。而这次寻访的陈记油茶就坐落在胡同路口，一头串联着本地生活的酸甜苦辣，另一头抚慰着离乡游子的喜怒哀乐。

陈记油茶的老板是50多岁的杨雪枝，四年前杨姨从不幸瘫痪在床的姐姐那儿接过油茶摊，日日月月无论风吹雨打，按时出摊。"来这喝油茶的都是老主客，不忍心让他们过来找不到地方。"杨姨笑着说道："姐姐15年前就安扎在这儿，看着来这儿喝油茶的小朋友才几天、几年不见就长大了，然后带着自己的孩子来我这儿喝油茶，时间真的很快。"

旁边的汝州市文化广电和旅游局副局长党晓叶说道："凭借汝州油茶的历史地位和生活影响，完全有机会成为汝州市的非物质文化遗产。"

杨姨一边和我们聊着过往，一边麻利地给来往邻居打包油茶。一条低矮长桌、一辆手推车就构成汝州人对油茶的全部生活记忆，也是杨雪枝全部的生活收入来源。

"姨，再来一碗油茶带走。"只见杨姨有条不紊、不慌不忙，矮小的个头几乎快被淹没在排队人群中。杨姨一手拿起一只塑胶小碗娴熟地套上袋子，一手拿起一"巨型"铁勺在一米多高油茶桶里来回搅动，沉着有力。只为叫醒桶内沉睡的茶汤分子，散发出炒粉混合芝麻花生的诱人芳香。

一舀一大勺缓慢倒入下方一尺开外的碗袋中，如同水柱般

一滴不少一滴不落
正中靶心。"得嘞！"
外打包一袋酥油泡
带走。

回家后将酥油泡
倒入油茶中充分搅匀。
油茶的咸香清淡正好分
解酥油泡的油腻浓厚，而酥
油泡的酥脆爽口又恰恰中和了油
茶的寡淡清和。一清一浓，一脆
一软，搭配起这"正正好"老少皆
宜的汝州油茶。

聪明智慧的汝州人将中原地
区"和谐中庸"思想巧妙转化到自
身的生活饮食中，从而锻造食物
之间"和而不同，违而不犯"的取
材之道。

汝州油茶与武陟油茶相似。
据传清朝雍正元年（1723），皇帝
胤禛曾亲临武陟监工筑坝。当时，
武陟县令吴世禄为了讨好皇上，
令一个姓朱的油茶大师为其调制
油茶。雍正皇帝一吃，龙颜大展。

消息不胫而走，当地老百姓也趋之
若鹜，吃油茶顿时盛行起来。

油茶养胃，特别对汝州"一老
一少"来说是四季必备养生食品。
矮桌旁此时正坐着一位妈妈和一位
看起来仅两岁的小女儿，妈妈拿着
自带的小碗将油茶一勺一勺喂进女
儿口中。小姑娘看起来胃口不好、
情绪不高，以至于每喝一口就要休
息停顿一会儿，一小碗油茶整整用
了半小时才喝完。

一碗油茶配料简单，但一碗好

油茶烹制却复杂，关键在火候和时间两处精准的拿捏。杨姨家油茶屹立汝州街头十余年，也是有原因的。"我们选料、工艺都不一样，先把小麦面炒熟，一锅面都得炒两三小时，都是小火，要全程不停翻，要不然面就煳了。"

一碗油茶，单纯而又复杂，简单而又深刻，平凡而又非凡。

一碗油茶，承载着世代相传的生活方式，凝聚着汝州人的喜好与智慧。

一碗油茶，是汝州人舌尖上幸福的味道，也是藏在人们味蕾里的一抹乡愁……

秘籍

汝州油茶做法

食材： 普通面粉、小米面粉、芝麻、花生、五香粉、酥油泡。

做法： 将普通面粉、小米面粉、芝麻、花生分别炒熟，水烧开，将炒面粉搅成浆，下入锅中。等水烧滚起来之时将炒芝麻、炒花生放入，加入少许香油煮浓稠即可。

特点： 咸香酥脆、浓稠味美。

福盈街

汝州市人民
医院北院区

📍 陈记油茶

朝阳西路

汝州市农业
科学研究院

锦绣路商业楼

香榭水郡

洗耳北路

133

/ 第一辑 街头市井 /

寻访地址：汝州市福盈街朝阳路口

采访视频二维码
打开抖音 搜索页扫一扫

HUAN XING MEI SHI

老杨锅馈馍
打卡推荐
★★★★★

老杨锅馈馍：
驻扎在夹缝胡同里的非遗传承基地

豫以象名，踏实厚重；地居其中，坚强朴诚。"河南没赢过一场网络暴力，但没输过一场民族大义。"白岩松说，中国什么样，河南就是什么样。

俗话说："一方水土养一方人。"朴实厚诚的河南人赋予日常饮食中同样淳朴厚实的价值，称为"汝州街头一霸"的汝州锅馈馍正是这样的一个存在。

汝州街头一霸

锅馈馍朴实，因为它最平民化。在汝州，无论贩夫走卒，还是富豪显贵，对锅馈馍皆情有独钟。锅馈馍在汝州这座豫西小城，与蒸馒头在主食市场上各占半壁江山。

汝州人对锅馈的热爱已经远远超出了"吃"的范畴。来汝之前就已听说不得不尝的汝州三宝——"锅馈馍+卤猪肉+浆面条"。

在卖馍炕前切一刀，取半块冒着热气的锅馈馍，来到卤猪肉的小车前，根据自己的需要，或多或少买上些肥而不腻、香气逼人的猪头肉。趁热夹在锅馈馍里，猪油被热馍浸润，热馍被肉香浸染，咬一口顺嘴流油。右手再捧上一碗清淡解腻的浆面条，一口下去满头大汗，大呼过瘾。

汝州大街小巷随处可见锅馈馍的招牌，但叫法不一。"锅盔馍""锅魁馍""锅馈馍"哪一种才是地道的汝州味道呢？我们不禁产生了疑问。

汝州向导们似乎看出了我们的困惑，狡黠说道："我带你们去吃汝州最正宗的馍，那可是咱们汝州市的锅馈馍传承人亲手做的呢！"我们听闻不禁大喜。

在这几天寻访过程中，无论在街头还是楼阁吃到过许多形形色色的锅馈馍，但内馅各异、味道不一。甚至吃的时候都是冷馍，所以并没有对其留下什么特别印象，于是我们对这位非遗传承人的正宗锅馈馍充满期待。

≋ 两米宽的非遗传承基地 ≋

/ 在汝州 碰醒美食 /

领头的同事也是第一次来这儿，随即我们在一家羊肉馆前失去了"目标信号"。正欲进入羊肉馆内探查详情，同行摄影师小彤见羊肉馆左侧胡同里不知卖何物，一条长长队伍几乎排到马路上。

挤进去一瞧，只见两位看起来60余岁的叔叔阿姨正在一台案板和木炭烤箱前擀面、烙饼。案板上方的墙壁上写着"锅馈馍制作技艺传习基地"，这才醒悟竟是我们一直在寻找的锅馈馍非遗传承基地。

看到这个跻身于两家店铺之间仅约2米宽空隙的非遗传承基地，我们不免有些心酸。

烙馍的正是汝州市锅馈馍技术非遗传承人杨现国。杨叔身穿一身军绿色工作服一边擀面烙馍一边和我们介绍锅馈历史，热情而又从容。似乎对这种采访接待"见怪不怪"了。

说起汝州的锅馈馍来历，相传在旧社会的时候，陕西的一户地主喜欢吃馍，专门请了一个烙饼师傅为其烙饼。时间长了，地主口味越来越刁，要求也越来越高。既要能吃到焦香的馍，又想把菜和肉都夹到馍里面，且不能漏，滴撒在身上。

烙馍先生经过多日的苦思冥想，最终把馍形由圆形改成长方形，由发面改成死面。做的馍中空有层，夹菜还不漏。地主死后，这位炕馍师傅回到老家汝州西关，把这一技艺传给了他的后人。

在那时，此炕馍技艺受到条件限制，老百姓白面馍都吃不上，更别说是锅馈了，所以此技艺一直没有得到推广和发展。随着社会的进步和人民生活水平的不断提高，锅馈馍也走进了人民的生活中。

从少数人吃到多数人吃，乃至到现在的平民化。炕馍的火炉也在发生着变化。从最初的吊盖炉（一小时炕制15块）到轴承炉（一小时炕制30块左右）到现在的烤箱炉（一小时炕制50块左右）。

锅馈的种类也发生了多种变化：五香锅馈、芝麻锅馈、油酥锅馈。锅馈的发展也体现了人民生活水平的进步，生活变化，口味变了，不变的是锅馈的朴实与厚重。

下午4点，看着越排越多的队伍，只见杨叔与杨婶分工明确、动作麻利。杨姨先将事前调好的面团擀薄进行初加工，撒上白芝麻、五香粉等调料后交给杨叔。

或许和面案板太低，只见一米八高个头的杨叔双腿扎紧马步，半蹲在案前，似乎正在聚神运气欲打一套漂亮的太极拳为排队老朋友解闷。杨叔将杨姨"托付"的面皮从两头向中间卷起重新进行擀皮，而这次要求的是中间厚两头薄。随后拉出煤炭箱中已预热好的馍架，放入馍皮，静待几分钟烤制金黄香脆出炉。此时正是锅馈馍食用最酥、最美味的时刻。

杨叔说他的一生都与汝州锅馈馍紧紧绑在一起。

小时候住在市西关的一个大杂院中。这个院子总共六户人家，其中五户以前都以炕馍为生。从小闻着"锅馈味"长大，耳濡目染，他就喜欢上炕锅馈馍这一行业。

18岁那年，杨叔高中毕业，经过堂哥的引导，开始学习炕馍技术。后来堂哥年纪大了，经他举荐，拜在当时有名的炕馍大师张建国老师门下，继续学习锅馈馍的制作技艺。

杨叔跟着张师傅边干边学，老师细心的教导使他很快熟练地掌握了锅馈馍的制作技艺。

杨叔停下手中工作，详细给我介绍道："做锅馈馍主要分三步。第一步和面。和面很有讲究，首先水温的控制，水温是随着天气的变化而变化的，一年用的四季水会影响面的软硬程度，口感也将发生变化；第二步锅馈馍的擀制。擀叶要平整均匀，馍形两头薄、中间略厚，馍层才会多；第三步锅馈馍下火炕制。从馍制作成型到下火'八方'炕制，每一步都马虎不得。这样炕制成的锅馈馍，黄白相间，外焦里嫩，酥脆可口，久存不坏，是馈赠亲朋好友的佳品。"

我疑惑问道："那汝州的锅馈馍的'锅馈'二字是取自馈赠之意吗？"

街头老屋 /

杨叔点点头笑道："这个名字说起来还有一段缘故呢！在旧社会的时候，是那些地主老财，他们把这种馍当成'点心'作为他们之间来往的一种礼品，你给我送点你们家的，我给你送点我做的。延续到现在，仍有不少人买一些做好的锅馈，给远方的亲朋好友送去，比如，2018年正月初八，有人让我给他炕20块锅馈，说是捎到台湾。洛阳、郑州就更不必说，几乎天天都有人往那带去送人。"

在汝州，有卤肉的地方就有锅馈，有锅馈的地方也就有卤肉。

"由于隔壁是羊肉馆可以两者搭配着卖。况且已经在这夹缝里扎根几十年了，店面房租还是太贵了。在这都挺好的！"杨叔用其爽朗而又中气十足的嗓门向我解释店铺驻扎于此的原因，然而丝毫看不出极端环境下对此处辛苦不便的忧烦。

老锅馈就像善夏的汝州人一样，踏实、厚道、淳朴、自然。如同百姓平淡生活，虽然看起来毫无特色，但越嚼越有味道，才能慢慢感受出生活的甘甜。

老锅馈是我们普通老百姓的大餐，也是汝州人民朴实无华的本色！

秘籍

锅馈馍做法

食材：精选面粉、食盐、五香粉、油。

做法：取麦面精粉堆在面案上，再按面7分、水3分的比例往面坑里充水，并迅速和成面团。待面团发起（膨胀）后，一边往里面兑干面，一边用力揉压面团，翻来覆去，直至面团不沾手为止。接着揪下一块（为了均匀，可用秤称），压成薄片，加入食盐、五香粉、味精等，再揉成团，抹上一层油，再用专用的擀面杖反复揉合和匀，放入火炕上炕至金黄即可。

特点：中空外酥、吸汁不漏汤。

汝州市
骨伤科医院

洗耳中路

永安街

西关老杨
锅馈馍

汝州市人力资源
和社会保障局

广成中路

北关街

沿河东路

府后街

香椿

寻访地址：汝州市广成中路 265 号

采访视频二维码
打开抖音 搜索页扫一扫

张记
牛肉拉面
打卡推荐
★★★★★

张记牛肉拉面：
拉面遇上烩面，牛肉面馆里的好日子

"碗中天地宽，面里扭乾坤。"中国是面食大国，面条
是人们日常生活中最常见的美食之一。

地大物博的中华大地上，也诞生了响当当的"十大名面"，
这其中河南烩面和兰州牛肉面分占两席。河南是中原文化的
发源地，可以说是烩面的大本营，众多烩面当中一个牛肉拉
面的成功就显得格外耀眼。

烩面江湖里的拉面突围

在汝州，有家名叫"张记牛肉拉面"的面馆，我们没有看到拉面与烩面之间的面面相觑，反倒看到了面与面的其乐融融。这个汝州美食界的传奇，也真算得上是街头一道好风景。如果做一回汝州的游客，千万不要忽视了这奇妙的景观。

熟悉烩面的人都知道，烩面是一种荤、素、汤、菜、饭兼而有之的河南传统美食。相比之下，讲求"青白红绿"的拉面就显得单薄很多。在汝州的街头走一走，会发现这里的拉面确实不多，因此张记牛肉拉面就显得稀少而珍贵。

恰逢吃饭时间，在店里稍作停留，会发现这里食客来往非常频繁，拉面之快或许是这里生意火爆的秘诀。

众所周知，正宗拉面起源于西北的回族美食，全国各地的拉面大多发源于西北部地区，或是西北人外出开店，或者师从西北的拉面名师。

张记牛肉拉面自然与西北有着千丝万缕的联系，但是张记拉面又是特殊的一个，据老板娘讲，接触拉面最早源自孩子的姑姑，哪知这一经营前后已经有 20 多年。

牛肉拉面里的生存智慧

一碗面，是中国人饮食观最好的表达方式。有的隐藏在街巷，有的酝酿在家中，有的蒸腾在路上，有的植根于生活，正是这一根面条串起了五味人生。

自古以来，人们总喜欢把相似的东西去做比较。烩面和拉面虽然都是面，但是烩面以羊肉闻名、拉面以牛肉闻名，其实两者有着本质的区别。

拉面，是一个双臂反复伸缩的过程，一个粗壮的面柱，经过反复抽拉，变成食客需要的粗细。

很多爱吃拉面的人，除了面条的美味之外，最喜欢的就是要求厨师按照自己想要的粗细拉

面。对于拉面师傅而言，最难的不是拉得快，而是能够拉出各种粗细的面条。而这拉面的力度，既不能大也不能小，需要恰到好处。

传统的牛肉拉面不仅仅是我们看到的"一清二白三红四绿"，而是从开始的选料、和面、饧面、溜条和拉面等环节就已经开始了较量。拉面技术也在中国流传已久，巧妙地运用了所含成分的物理性能，利用面筋蛋白质的延伸性和弹性实现面拉很长但却不断。

开店多年，张记牛肉拉面利用拉面的原理，又结合汝州当地的饮食习惯加以改善，最终形成了汝州独具特色的一种美食。吃过张记牛肉拉面，你会有一种感觉，不同于传统牛肉拉面里牛肉味道那么浓，牛肉汤又有着区别于羊肉烩面里的羊肉的鲜美。如果和汝州的牛肉烩面相比，拉出来的柱状面条与烩面的面片相比又多了些韧性。

一碗好面吃出生活态度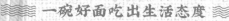

对拉面有研究的人一定懂得，一碗拉面的好吃与否，汤占了一大半。

张记牛肉拉面在制作牛肉汤的过程中，有别于西北拉面的清汤煮肉。结合汝州人的口味特点，增加了一些其他的调料。论汝州美食，当属卤肉为先。从遍布街边的卤肉店就不难看出，卤肉的味道已经深深印在汝州人的味蕾深处。而张记牛肉拉面在制作过程中，也从制作卤肉的方法中稍加借鉴，进而做出了有别于一般店里能吃到的拉面。

一碗好面，是一座城市最接地气的生活态度，不论任何一个地方，对美食的评价标准都是一样的，那就是食客的评价，能够根据食客的口味稍加改良，是每一个美食制作者的创新。

借用一个新鲜的概念叫作"微创新"，创新并不是来源于凭空的想象，它是来自对生活的观察，在众多面条中，拉面能够按照顾客

文化真正走向世界。

的需求拉出不同粗细的面条，其实就是一种创新。

从谷物到面粉，从面粉到面条，在如何做好一碗面的道路上，中国人探索了数千年。美食带给人的并不仅是解决吃饱的生物需求，它还能给人带来很多智慧的思考。

"一清二白三红四绿"的标准，为牛肉拉面划下了框架。在这框架之下稍加改良，做出的美食就别有一番风味。

美食之美，在于融会贯通。

在美食的世界，没有什么是完全对立的，只要用心探索，总能找到其中的平衡。张记牛肉拉面的故事，不仅让我们看到了拉面和烩面可以共生，也看到了家庭关系也并非如拉面和烩面一样对立。

如今的张记牛肉拉面已经在汝州有了分店，这家让人们看到姑嫂齐心的餐馆，也慢慢影响到了下一代。随着孩子们的长大，也慢慢参与到了餐馆的经营之中，她们开始用抖音拍摄店里发生的故事，在美团、饿了么等平台帮助餐馆宣传。

如今的汝州，是开放的汝州，汝州人爱吃烩面，也喜欢拉面，张记牛肉拉面的一家人也在用劳动创造着他们的好日子。

街头巷尾 /

牛肉拉面做法

食材： 高筋质面粉、牛肉、牛骨头、牛肝、萝卜、清油、葱花、食盐、香菜、蒜苗、辣子油酌量。

做法： 把牛肉及骨头用清水洗净浸泡4小时，加入盐、草果、姜皮及花椒，小火炖5小时即熟，捞出稍凉后切成方丁；牛肝切小块煮熟备用。桂籽、花椒、草果、姜皮温火炒烘干碾成粉末，萝卜洗净切成片煮牛肉；将肉汤撇去浮油，加入各种调料粉，再将清澄的牛肝汤倒入水少许，烧开除沫，再加入盐、胡椒粉、味精、熟萝卜片；面粉加水和面。根据每个人膳食的爱好拉成面条，熟后捞入碗内，将牛肉汤、萝卜、肉丁、浮油适量，浇在面条上即成。

特点： 滑利爽口、肉烂汤清。

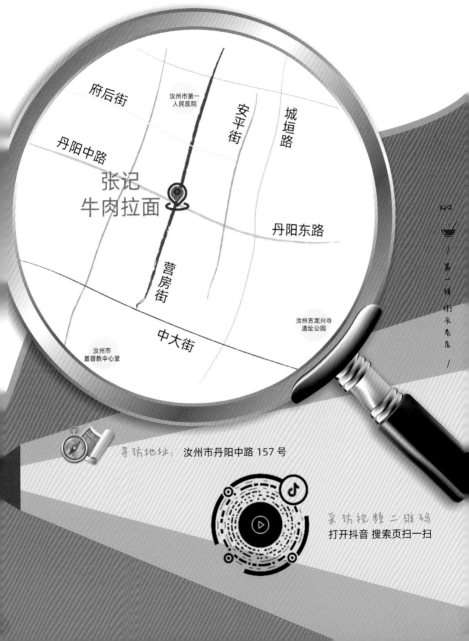

府后街

汝州市第一
人民医院

安平街

城垣路

丹阳中路

张记
牛肉拉面

丹阳东路

营房街

汝州古龙兴寺
遗址公园

中大街

汝州市
基督教中心堂

寻访地址：汝州市丹阳中路 157 号

采访视频二维码
打开抖音 搜索页扫一扫

白中兆卤肉：
一味卤肉中的"无极传奇"

真正美食在哪里？这个看似简单的问题，如果有人突然问你，恐怕很少有人能立刻给出答案。

美食，因为它和我们的生活离得太近，以至于在长久的相处中忽略了它的巨大价值。

在周星驰的电影里，常有一种对庙街或菜市等场景的推崇，绝世的

美食高手其实并不遥远，他们其实就在我们身边。他们用精湛的厨艺讲述着哲学里的"无极"，无边际，无穷尽，无限，无终，虽然难以发现，但是只要有机会吃上一口，必会终生想念。

汝州的白中兆卤肉就是这样一味美食。

〰〰 大隐于市的"金字招牌" 〰〰

对于很多到过汝州市的人而言，富民一街可能是印象里若隐若现的一个名字，这里临近汝州火车站和长途汽车站，"富民"这种在全国会有很多相似名称的街道，不论在哪个城市都会让人感到有些熟悉。不宽的街道、往来的车流与街边散步的居民，让这里"街市"的感觉十足。

在富民一街124号，一个制作卤肉的高手就隐于这里。对于白中兆卤肉，用"隐"这个字来形容一点都不夸张。

汝州本地人都知道，白中兆卤肉是汝州市的非物质文化遗产，历经三代传承，百年的时间坚守这一门制作卤肉的手艺，实属难得珍贵。换作大城市，有这样"金字招牌"的人一定有个敞亮的门面，店里再挂满非物质文化遗产的故事传说。

但是，白中兆卤肉是个特例，每当傍晚时分，街边一辆普通的三轮车，旁边围满了排队的食客。若不细心抬头看后门的白中兆卤肉的门店，真以为这只是一个普通的游商。

非物质文化遗产技艺之所以难得，就在于它的无形，美食的记忆只能让人们用味觉去辨别。

卤肉作为汝州市的传统特色美食，是将原料配以基本调味料和几种到几十种的大料，以秘制老汤为介质煮制而成的熟食食品。寻常的食材，经过美食高手的手，像变魔术一样成为入口的美食，其中秘诀就在于独到的手法。

一味卤肉四代人的坚守

我们好奇地问到卤肉的销量，老板白中兆告诉我们平均日销量大概300斤。量算不上大，但是贵在持续。

白叔说，做卤肉是从爷爷白重福那一代就已经开始了，再往前是否更久他也不得而知，经过父亲白松这一代人的传承与经营，白家做的卤肉已经成为很多汝州人生活中不可缺少的味道。

我们问起，他是否有带徒弟的想法，他说自己儿子白玉虎已经开始参与制作卤肉了，"90后"开始学习这家传的手艺，让他感到特别幸福。

汝州市小杨庄20号，这个不变的地址，四代人跨越百年守候着这一味人们餐桌上的寻常美食。

常听人说，没有无用的资源，只有放错位置的宝贝。这一点，用在制作卤肉上也

是极为贴切。

　　高手，就在于他能够把不同的肉进行不同的组合，每一处肉都有特别的制作技巧。在长久的摸索过程中，也掌握了市民的口味。喜欢吃白中兆卤肉的人都有同感，质地适口，味感丰富，香气宜人，润而不腻，这些评价是人们最常说的。因为卤肉方便携带，也容易保存，所以很多离家在外的人都会带上一些卤肉，不管在什么地方，只要吃到家乡的卤肉，就能迅速增加食欲。

　　对于美食的爱是一种瘾，一旦吃到某一种味道，就总会在不经意间对它产生无尽的幻想。如果不亲自去到当地，如果不亲自品尝到某人的亲手制作，就永远不确定是否还能更好吃。

　　随着交通的发达，汝州人已经把白中兆卤肉带到汝州以外。如今，汝州周边地区郑州、洛阳、郏县、长葛、鲁山等地的游客都纷纷驾车慕名而来。有人说，去风穴寺、游怪坡、赏汝瓷、吃白中兆卤肉已经成了去汝州必须做的四件事。

　　游客的话诚然有些夸张的成分，但是也说明了一个道理，"酒香不怕巷子深"的道理在白中兆卤肉的身上得到实应验了。和很多家做卤肉的店一样，好吃的美食离不开一锅神秘的老汤。

　　白中兆卤肉也同样如此，从祖上传下的独门技艺，小火慢炖做出的老汤，进去的是普通的肉，出来的是让人垂涎的美食。一锅老汤，炖出的不只是美食，更是历练出一种人生的好心态。

用非遗坚守汝州人情怀

和臼中兆聊天你会发现，他话不很多，但是手底下的动作极其麻利。一个普通的三轮车上，各个部分的卤肉分类放置得整整齐齐。有人要买，他能迅速从中找到你想要的部分，切好给你。这种现在看起来略显原始的售卖方式，却是这街上最美的景色。夜幕降临，售卖卤肉的车上点亮灯光，街景暗淡过后，让人有种回到儿时的错

觉。这是现在的店面所不能带来的一种奇妙。

如果有机会到汝州，一定会有人向你推荐锅馈馍夹卤肉。刚做好的锅馈馍焦香爽脆，卤肉柔软腻滑，二者像是太极中的阴阳结合，对立之中又有着彼此的互补，相辅相成别有一番滋味。

而以卤肉闻名的白中兆卤肉，自然是能创造这种美味的好地方。把卤肉夹好，里面再放上些青辣椒，再用勺子加上少许热乎的汤汁。这种听上去有些像肉夹馍的美食，却与肉夹馍有着极大的不同。

美食，不仅是一种让人们能够吃饱和吃好的生活需求。它也是一种人生领悟，世界在变，人们对美食的要求和标准也在变。

白中兆说，这些年随着人们生活水平的提高，他也在传统的卤肉制作方法中增加了一些创新。虽然

街头老店／

门店照片招牌上写着"非物质文化遗产传承人"，但是白中兆却并不高调，坚持在街边售卖的方式，是为了让老汝州人找到从前吃卤肉的感觉。

往来的人群，很多都是老顾客，不论是开车还是骑自行车，不用停车就能买走。白中兆就如同一个隐藏于街市的武功高手，用技艺的传承讲述着他的"无极传奇"。

秘籍

卤肉做法

食材：猪头、猪五脏、猪蹄、八角、桂皮、良姜、花椒等调料。

做法：将调料包好，放入水中熬制成卤水。卤水与清水按比例混合，放入经过汆水的猪肉，适量加酱油等调料，小火慢熬。

特点：胶软多汁、肥而不腻。

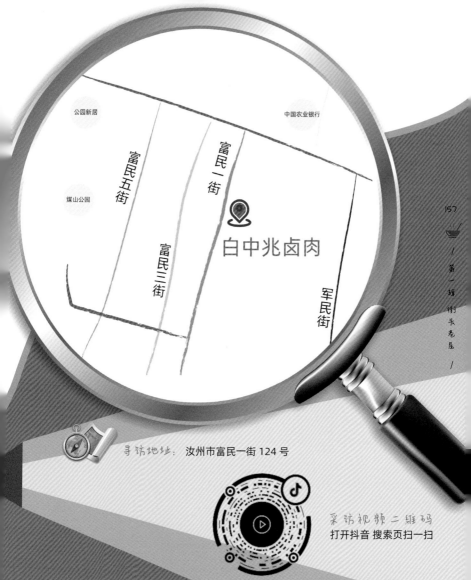

公园新居

中国农业银行

富民五街

富民一街

煤山公园

白中兆卤肉

富民三街

军民街

寻访地址：汝州市富民一街 124 号

采访视频二维码
打开抖音 搜索页扫一扫

第二辑

登堂入室

HUAN XING MEI SHI

汝州
八大碗
打卡推荐
★★★★★

汝州八大碗：
每天限量 100 碗的老汝州味道

每一个地方，总会有一些自己专属的味道，如同镌刻在人们心中的图腾，抑或矗立在视野里的地标。

汝州"八大碗"就是这样的地标，它把区域的历史、文化、传统统统揉进其中，再用味觉体验烙在人们的记忆深处，让我们在记住它的同时，也让回忆变得活色生香。

八仙桌上宴八方

八仙桌，坐八客，食八菜。

"八大碗"最初源自神话"八仙过海"，是中华仙人积极向上、睿智进取的象征。八大碗不仅是我国民间传统饮食文化的经典，也是招待贵宾的最高礼仪，象征着吉祥如意。

"八大碗"中的"八"是指菜的数量，它限定了菜的数量不能少于八碗，而不是绝对的八碗。"大"

是"海"，也就是很大的意思。"碗"特别指明是"碗"，不管是"土碗"还是"瓷碗""陶碗"，但绝对不是"钵"，也不是"碟"。

根据族系和地域不同有多种形式。但是，八大碗的美食不管怎么变，唯一不变的就是就餐之时每桌八人八菜，八碗正好放置八角形。形成了今日汝州人过年、婚庆及重大节日招待客人不可缺少的一套菜肴。

流动的时光，不变的技艺

寻访仍在继续，这次我们找到一家最能代表汝州八大碗的地标餐馆——汝州八大碗（蓝湾半岛店）。之所以能够被公认为汝州美食地标，原因是这里有汝州八大碗的"熊猫掌勺人"，汝州八大碗第四代非遗传承人黄帅军师傅亲自坐镇。

黄帅军师傅性情敦和、颜值抗打，个头高而话不多。但一说起汝州八大碗来，恨不得将手中的锅碗瓢盆全部放下，然后全心全意给你介绍。

相传苏东坡的弟弟苏辙于宋绍圣元年（1094）出任汝州知州，东坡来看望弟弟苏辙，苏辙带兄长游风穴、登岘山、拜崆峒、泡温泉，途中巧遇温泉汝河北岸陈家庄陈员外家操办喜宴，陈员外久慕二位文豪大名，盛邀入席。

陈员外请的是老汝州名厨黄一刀做宴席，黄厨不仅刀工好，做菜方面沿用食疗家孟诜（现汝州陵头乡孟庄）的食疗秘方，能把菜品配成药膳，用来强体健身防未病。

这次，黄厨也大显身手，食材选用土猪的不同部位（精瘦肉、

前腿肉、后腿肉、肋条肉等），搭配时令蔬菜，做出了八道菜：大碗酥肉、扣碗排骨、红条子肉、粉蒸肉、海带豆腐菜、八宝饭、丸子汤、就馍菜。

这八道菜得到苏大学士这个"美食家"的高度称赞，自此，这八道菜也成为汝州人过年、婚庆、宴请贵宾的必备菜品，誉称"汝州八大碗"。

虽说家家都会做八大碗，但不同人做出来的味道差别很大。主要因为它讲究两件事，一是秘方，二是火候。

1879 年出生的郭金贵也就是黄帅军的老爷，当时是骑岭乡刘沟村的一位民间厨师。他对八大碗的烹饪颇感兴趣，勤奋好学、反复研究，摸索出一套独特的制作工艺。

当时老汝州的一位知州父亲过七十大寿，邀请他作为主厨为老父亲做寿宴。前来祝贺的人对每道菜都赞不绝口。从此以后，郭金贵的声誉传遍整个汝州。

菜品的制作工艺相继传承到他的女婿、孙子至重外孙黄帅军师傅手里，历经数百年的饮食文化至今还保留着原始的制作工艺。

千年汝州，乡土传承

说着黄帅军师傅拎起一斤新鲜瘦肉去皮剁碎，要给我们做一道酸汤开胃的烩丸子。

做好一桌八大碗，首先是选材，材料选的好就已经成功了一大半。历经四代的传承与总结，猪身上的哪一个部位适合做八大碗中的哪一道菜品，黄帅军师傅说他心里都有数。

四大荤菜中大碗酥肉选用脊骨与大排骨相连的精瘦肉，无筋且嫩，做成的菜品瘦而不柴。扣碗方肉选用前腿肉，肥瘦相间，肉质紧致，软烂入味。红条子肉选用后腿肉，肥瘦相间，肉厚七层，肥而不腻。粉蒸肉选用的肋条肉，肥瘦相间，肉厚五层，搭配小米和玉米面，做成的菜品米肉两香。

四大素菜中海带豆腐菜选用本地的石磨豆腐和肉质厚嫩的海带，土名昆布菜，是一道地道的养生菜。喜庆八宝饭选用优质糯米、小米、薏米、莲子、大枣、花生、红豆、桂圆，做成的菜品软糯香甜。就馍菜又分别是四荤四素，猪脸卤肉、猪大肠做成的灌肠、猪皮熬制的皮冻和猪肝，配合汝州的绿豆粉皮、油炸豆腐丝、时令蔬菜，色、香、味俱全。

扒、焖、酱、烧、炖、炒、蒸、熘，仅仅八道菜就动用了猪身上全部的食材。

不知不觉中，黄帅军师傅已炸好一盘丸子，执意拿起一双筷子让我尝尝。刚出锅的丸子金黄香脆，带着热油的滋啦声不断挑动着我的味蕾。想着今早刚冒出来的一颗痘痘还是不争气地咽了咽口水，"算了，豁出去了！就一颗，应该没关系！"

夹起最上头还冒着些许热气的一颗，点点油滴在表层余温下仍在活力跳动，冒着闪闪光亮。猪瘦肉

在淀粉、鸡蛋的包裹下早已变了身，经过油与火的猛烈催化，肉质脂肪仿佛重新获得生命力，在舌尖一处处绽放。咬开外表酥脆的黄金外壳，里面猪肉松软香甜，不油不腻，"大大的满足"。

这是汝州千年流传的乡土味，见证着百姓生活的喜与忧。

黄帅军师傅看我们吃得高兴接着说："现在年轻人认为猪肉肥腻，吃得少。于是我们在百年烹饪技术的基础上，与孟诜食疗文化相结合。新增许多新菜品，大碗牛肉、扣碗羊排、传统红薯汤等，用牛羊肉取代猪肉，深受广大食客的喜爱。"

2017年"汝州八大碗"被汝州市人民政府公布为第四批汝州市级非物质文化遗产代表性项目，且被中央电视台、河南电视台作为汝州美食、汝州宴席菜推介给全国观众。

一场聚会有着有落、有根有基；一桌宴席才秀色可餐、活色生香。

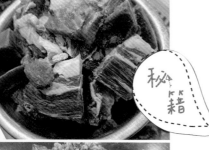

秘籍

八大碗中烩丸子做法

食材：烩丸子（瘦肉、鸡蛋）。

做法：首先是剁肉馅，把猪肉表面的皮去掉，然后将肉切细剁碎；切点葱花和姜末，放到盆中，打入7个鸡蛋，倒点淀粉、盐、花椒粉、姜粉、茴香面、生抽、老抽搅拌均匀。搓圆放入油锅中高温油炸盛出。吃的时候加点调料上锅蒸1小时即可。

特点：鲜香酥脆、油而不腻。

汝州市人民医院

朝阳西路

朝阳中路

香榭水郡

福盈街

汝州
八大碗

风穴路

双拥路

广成西路

汝州站

寻访地址：汝州市沿河西路 134 号

采访视频二维码
打开抖音 搜索页扫一扫

HUAN XING MEI SHI

郎记食府
打卡推荐
★★★★★

郎记羊肉食府：
用岁月慢慢熬一锅老汤

　　古人以"羊大为美"。汉字"美"字的本意，便是体大而肥的羊。人们出于对羊的重视和喜爱，赋予羊许多美好的象征意义。中国人一直追求的"善""祥""羲"等人生大义，都以"羊"字为其组成部分。表明古人心目中的羊确是美好、善良、吉祥的象征，并且是知礼义的动物。

　　中国人对美食的崇拜，是华夏先民审美意识萌生的源泉。

　　千百年来，羊肉已经成为中国人日常生活的重要组成部分，通过各种方式进行精心加工的羊肉，在满足华夏先民味蕾的同时，也逐渐成为一种文化基因，渗透到每一个国人的精神世界里。

中原地区的食羊风尚

中原自古是兵家必争之地，北方游牧民族多次在中原建立政权，其以羊肉为主的饮食习惯已然影响到中原汉族人民。

北宋时期，河南是中国饮食文化的中心。北宋汴京离中原靠近辽、西夏，北宋与其多有饮食风尚的往来。

北宋宫廷崇尚"贵羊贱猪"的社会风尚，在美食兴盛期的汴京，72家正店都是以羊肉为主料的菜系。与汴京相隔仅100多公里的汝州自然而然传承了北宋饮食遗风。

乃至今日汝州，上至庙堂盛宴下至街头小吃，随处可见各种"羊肉汤""羊肉烩面""全羊宴"招牌店铺。羊肉凭借其"味美肉鲜""脂低温补"等养生功效更是令今日汝州百姓痴迷。

2019年被选评为第七批"河南老字号"的郎记羊肉食府是汝州众多羊肉馆中的一家，但它却是当地羊肉烹饪最为专业、品类最全、最得汝州人喜爱的一家老字号食府。

汝州最专业的一家羊肉食府

　　下午3点左右，我们寻访车辆一下高速路口就见到一栋大气磅礴的商业建筑，仅看外围类似如家、锦江等快捷酒店风格差点将我们迷惑。如若不是大门上头红色霓虹灯大大组成的"郎记"二字，我一定会怀疑走错地方。

　　进入大堂一楼由于未到饭点，没见到预想的"高朋满座"热闹场景。仅见右边有个大堂吧独立着一位女服务员，身着专业服饰，手中拿着对讲机似乎正在通知"上头"有客光临，带着些许神秘感。

　　不大会儿，不知从哪儿出现的一位阿姨将我们一行七八个人一块儿塞入电梯，运到上层后厨。首先见面的是郎记总厨张师傅，已从事20余年厨师生涯的张师傅今天给我们准备的是郎记食府特色菜——清一色羊杂和法式烤羊腿。

　　郎记食府以经营羊肉菜肴为主，附加一些简单便捷的羊杂碎、羊肉汤

和羊肉烩面。由于新鲜味美，颇受大众青睐。多年来不懈地用心摸索研究，渐渐形成自己的风格，不仅羊杂碎闻名，羊肉也极具特色，一盘一碗，虽全是羊肉而味各不相同。

全羊肴品种丰富，根据春、夏、秋、冬不同时令，将羊的各个部位用不同的方法因材施艺，精制成菜。由于物美价廉，极具特色，在汝州自开店以来，生意非常火爆。

一位带领汝州青年创业的妇女领袖

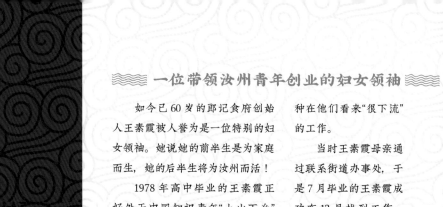

如今已60岁的郎记食府创始人王素霞被人誉为是一位特别的妇女领袖。她说她的前半生是为家庭而生，她的后半生将为汝州而活！

1978年高中毕业的王素霞正好处于中国知识青年"上山下乡"末期，国家政策发生改变，王素霞很幸运地成为"仅留城一人"中的一员。

作为计划经济时期一般工人家庭的老大，王素霞肩负着养活三个弟弟妹妹的职责与使命。当时王素霞想着自己毕业了在城里头只要有个工作，哪怕只是个临时工也行。正巧碰上计划生育部门选人，而大多数人都不愿意去参加这种在他们看来"很下流"的工作。

当时王素霞母亲通过联系街道办事处，于是7月毕业的王素霞成功在12月找到工作，很顺利地在城里驻扎了下来。

1979年全国对计划工作开始重视。那时汝州还属于洛阳管辖，一个乡镇只选择一个计划生育工作专干。王素霞凭借着对本职工作的热爱，干一行爱一行的职业理念积极参加市计生委专干考试，并成功入选。

慢慢地，王素霞成功带领家庭从工人家庭转化为小市民家庭。这也实现了王素霞前半生的心愿——改变家庭情

况，带家人过上好日子。

从机关工作退休下岗后，王素霞在家想着自己还能做些什么能为自己的城市出一份力量呢？偶然机会了解到汝州农村有很多辍学的待业青年和下岗职工，于是王素霞利用老伴家的生意经验开始创业。卖过蒸馍也卖过羊汤，凭借自家小店带动百余位汝州本地人就业。

羊性好群。合群，是羊的一个重要特性。"谁谓尔无羊，三百维群。"由此产生"群众"，这是中华民族注重群体的特征。

十几年来郎记羊肉食府深得汝州食客的喜爱。王素霞说做生意一定得诚信，用诚心对待每一位顾客。诚实经营，对内选择优秀师傅提升奖励，对外选择有事业心人才培养传承。

郎记自 2007 年开业以来根据市场变化和顾客需求加以创新改进。做到饭菜零投诉、质量全保证。每个消费者都可以来厨房亲自订餐，名厨亮灶。

一家成功的企业不仅应有想法还需有办法。"无论是做生意还是做人就得像熬羊肉汤一样，要有决心、有耐心！"王素霞最后强调。

秘籍

十二道全羊宴

（1）特色扒羊肉：口感细腻、调料丰富、老少皆宜。

（2）手抓羊肉：优选羊腿、精选瘦肉、温性大补。

（3）清一色羊杂：精选羊杂、夏日去寒、冬日温补。

（4）烧羊血：口感细腻、选血复杂、润滑特别。

（5）鱼羊鲜：羊后腿肉、特选黑鱼、口感绝鲜。

（6）生烤羊排：精选羊排、刀工精美、摆盘讲究。

（7）羊肉汤：大补高钙、熬炖时长、口感润滑。

（8）锅仔羊杂：做法特别、味性温补、容易吸收。

（9）秘制羊蹄：精选羊蹄、肉质厚实、口感柔韧。

（10）手抓羊排：精选羊排、肉质细腻、入口鲜香。

（11）红扒羊头：必不可少、造型美观、口味独特。

（12）生煎羊肉：口感细腻、桌桌必点、温补养生。

云禅大道

龙山大道

广城东路

郎记羊肉食府

城市中央公园

丹阳东路

寻访地址：汝州市广成东路与龙山大道交会处五洲国际商贸城西南角

采访视频二维码
打开抖音 搜索页扫一扫

宋宫酒业
打卡推荐
★★★★★

HUAN XING MEI SHI

宋宫酒业：
喝下宋宫酒，朋友一起走

中国酒文化历史悠久，走到任何一个地方，绝对有一种具有当地特色的酒。"古者少康初箕作帚、秫酒。少康，杜康也。"从杜康酿酒的故事出现在《说文解字》，酒文化就成了中国文化不能缺少的一部分。

"人法地，地法天，天法道，道法自然"，粮食酿出的酒记录着中国大地上人们的生活态度。汝州历史悠久，很多人可能不知道，与汝瓷相伴的还有一种酒，那就是汝州的宋宫酒。

走到汝州，如果发现谁家收藏有宋宫的酒瓶，这里面一定有着些故事。周华健的歌里曾唱道："一句话，一辈子，一生情，一杯酒。"如果你和汝州人喝过酒，你会发现汝州有最值得交往的朋友。

〰〰 酒桌起，风云涌 〰〰

有人说酒桌文化是了解一个地方人性格的最好方式。汝州人爱喝酒，端起酒杯，汝州人能立刻让你感受到中原大地上人们的憨直。古语有言"无酒不成席"，汝州人的酒桌礼仪是不先喝酒就不算是开席。

对于汝州人来说，饮酒不仅是席间助兴，喝酒是一种汝州人的待客礼仪。宴席开始，主人将酒分到小杯，然后用盘托起，当着众人再把小杯的酒倒入一个大杯，主人一饮而尽以示敬酒之诚意。

酒桌上的朋友，不只是简单享受口腹之乐趣，大家是在一起感受一种文化、一种气氛、一种情趣、一种心境。所谓酒逢知己千杯少，如果此时恰好桌上有宋宫酒，"胜却人间无数"大概说的也就是此景吧。

宋宫酒，听名字就不难猜到，这酒一定和宋朝有关。相传，宋朝年间，杨家将在此征战，杨六郎曾在汝州负责军中酿酒，杨家将的威名振奋了酿酒的士兵，于是大家协力酿出了传世的好酒。传说虽然有待研究，但是宋宫的酒却千真万确是古法相传。

一杯酒，汝州事

和很多地方一样，汝州人但凡有人生大事，如结婚、生孩子、做寿、搬迁等，都会聚餐饮酒，而宋宫酒就是汝州人们生活变迁的见证。和很多地方一样，敬酒时都想让对方多喝点酒，以尽主人之谊，客人喝得越多，主人就越高兴。

如果感受过汝州酒桌盛情，一定想走进酒坊看看酒的酿制过程。宋宫酒业早把整个过程浓缩成展览，鲜活的雕塑如同一幅酿酒连环画，在博物馆里陈列着。古香古色的酒文化博物馆，仿佛带你回到从前的老汝州。

历史跨越到 1982 年，临汝县酒厂建立，1985 年更名为临汝县宋宫酒厂，1988 年，随着撤县改市，于是有了汝州市宋宫酒厂。1992 年 7 月，汝州的酒在布鲁塞尔第三十届国际食品博览会上分别获得金奖和银奖。1993 年 3 月，又

第六批汝州市级非物质文化遗产代表性项目

宋宫酒酿造技艺

汝州市人民政府
二〇二〇年七月

在香港食品博览会上分别获得特别金奖和银奖。

和很多老国企的命运相似，宋宫酒业也经历了时代大潮的冲刷。然而，酒的魅力就在于只要酿酒的人初心不变，就总能守住这不变的味道。2009~2016 年，历经八年的呕心沥血，汝州宋宫酒业利用传统工艺酿出了新酒，一张汝州的名片又再次发出光芒。

几代人,守一味

好酒需要时间的打磨,如今的宋官酒业也迎来了新一代年轻人的加入。如今的宋官酒业总经理石鹏翔指着酿造间满地泥土说:"可不要小瞧这些土,都是宝贝嘞!这是我爸当年专门从原宋官酒厂一车车拉回来的,至今有着30年窖龄呢!"

在宋官酒业的酿制车间,"粮必精、水必甘、曲必陈、器必净、工必细、储必久"的古训依然未变。有人说,能存在很久的东西,一定有它的使命。宋官酒的价值就在于,它不仅有自己的使命,还让更多人感受到了使命。

如今经过12年的积累沉淀,宋官又成功注册了"临汝""望嵩楼""汝酒"等商标。"汝瓷"与

"汝酒"的结合,像是对汝州传统文化的一种承诺。而坚守这种承诺的人正是用劳动为汝州默默奉献的人们。"匠心酿造汝州人信得过、喝得起和拿得出手的地域文化酒。"这是老石厂长写在案板上的寄语,也是宋官酒业所有匠人坚持的奋斗初心。

喝酒的乐趣就在于同样的酒,在不同的时候给人带来不同的感觉。品宋官的酒,酒未至而香飘来,入口之初微甜,甜香之后又有着微微的辛辣。

有人说,交朋友就如同饮酒,不同的时间,酒的味道不一样。好的酒不在于喝酒时是怎样的体

验，而在于尽兴多少杯之后，酒依然不醉人。朋友也是如此，真正的朋友，不在乎一时之性情，而在于共同的体验与长久的相守。

宋官的酒，像是汝瓷的一个好朋友，任岁月流转而相守着不变的友情。

真正的朋友就如同酒与瓶的关系，不开封则守着岁月静好，开封后也不惧分离，因为酒香已经渗透到了瓶子的深处，这种味道是时隔多年也还会留有的联系。

喝杯酒，交朋友。如今的汝州，正在吸引着来自各地的朋友来到这里。如果有朋友来到汝州，一定要请他喝杯宋官酒。

在汝州喝酒，喝到的不仅是宴席上的欢畅，更是对于未来的希望。坚守传统，又不断创新，这就是汝州。喝下一杯宋官酒，朋友说好一起走。

181

传统 秘籍

宋宫酒做法

食材：高粱、玉米、小麦、大米、糯米、大麦、荞麦、青稞等粮食。

做法：原料粉碎，使淀粉充分被利用；将新料、酒糟、辅料及水配合在一起，为糖化和发酵打基础；蒸煮糊化，利用蒸煮使淀粉糊化；蒸熟的原料，用扬渣或晾渣的方法，使料迅速冷却；采用边糖化边发酵的双边发酵工艺，扬渣之后，同时加入曲子和酒母；入窖的醅料既不能压得太紧，也不能过松。装好后，在醅料上盖上一层糠，用窖泥密封，再加上一层糠；最后把醅中的酒精、水、高级醇、酸类等有效成分蒸发为蒸气，再经冷却即可得到白酒。

特点：醇香馥郁、幽雅细腻。

寻访地址：汝州市梦想大道 186 号宋宫酒业有限公司

采访视频二维码
打开抖音 搜索页扫一扫

HUAN XING MEI SHI

金鼎
商务酒店
打卡推荐
★★★★★

宫廷白菜:
专供皇帝的白菜

你觉得最能够代表中国的食物
是什么?

我觉得非大白菜莫属!

大白菜以其价廉量多成为普通
老百姓心头最爱。它虽不是判定一个
家庭是否富裕的标志,却是评判一个
百姓是否"吃得饱"的标志。富裕的

起点首先是脱贫。

大白菜如同"糟糠之妻"一般
与中国百姓一起经历了风风雨雨,
见证了中国的崛起与发展,蕴含着
无数中国人最高贵的理想——让全天
下所有人都能吃饱穿暖。

2020 年国家全面打赢脱贫攻坚

战，832 个贫困县、近一亿人全面实现摘帽脱贫。作为"万家菜"的大白菜自然"永不会下台"。

简单到极致就是奢侈

提及北方的冬天，自然而然与每家每户一院子上百斤的大白菜分不开。对北方百姓而言，白菜是一种安全感。

一到冬天望着满院子的白菜就觉得今年收成不错，全家人围在炕上吃着热腾腾的白菜豆腐、刚出炉的醋熘白菜，这是寒冷冬日最温暖的慰藉。

初冬季节满地白菜在日常市场竞争中价格逐步下降，由此衍生了现在无论是商家打折还是房价跌水都当作表达语的"白菜价"。

然而今天我想要为白菜正名，实际上它不仅不是廉价品还是顶级奢侈品。

白菜古名为"菘"。苏轼曾称"白菘似羔豚，冒土出熊蹯"，直接将大白菜与羊羔、熊掌媲美。范成大说"拨雪挑来塌地菘，味如蜜藕更肥浓。朱门肉食无风味，只作寻常菜把供"，更是直言山珍海味都没有大白菜来得宝贵。

同时古人擅长于将自己喜爱之物做成艺术品，并赋予美好的寓意。白菜与玉器相结合，玉白菜则是"遇百财"，因此白菜成了吉祥、财富的玉器代言人。

白菜就是这么一种，既亲民又能高贵的存在，只是因为我们太过习惯它在身边的感觉，导致我们意识不到，它到底有多美好。

≋≋ 白菜界的"爱马仕"传说 ≋≋

正如宋朝时期汝人烧制的汝瓷之美，极简极雅。汝州人擅于发现身边之美，往往能从日常生活的简单中创造美、重塑美。今天金鼎酒店主厨张顺卫也要给我们展现这样一种存在，简单朴实的外表下实则有着一颗精美雅致之心。

金鼎商务酒店是汝州市十大地标酒店，汇聚了全汝州各色精美小吃。与街头普通小吃不同，即便最简单朴素的食材它都能"包装"到极致。金鼎主打养生海参、燕鲍翅套餐等养生菜系，以清汤粥炖、巧留原真为主要特色。绿色健康、无任何添加物一直是金鼎的口

碑宣传。

张师傅说："这几日在汝州寻访想必大鱼大肉都吃腻了吧，那今天给你们做一道白菜清清胃。"

张师傅口中的这道白菜可不是普通白菜，精选的是当年万历皇帝深爱的小河白菜。"大碾萝卜香菜的葱，小河的白菜进北京。"这首在豫北浚县周边地区传唱了上百年的歌谣，奠定了小河白菜在全国白菜中的贵族地位。

明明都是白菜，差别怎么这么大呢？

张师傅介绍道："小河独有的土壤和水质种出的大白菜叶多、帮嫩、味鲜甜而绵软、清炖浑汤、纤维细，腌制、烹炒、烩炖皆可。"小河白菜营养丰富，有养胃生津、除烦解燥、利尿通便、化痰止咳、清热解毒等功效，享有"菜中之王"的美称。

明朝成化年间，浚县人兵部尚书王越，出将入相，文武全才，历经景泰、天顺、成化、弘治四代，官至兵部尚书兼左都御史，加太子太保兼太子太傅。

王越"内行交际，实也卓绝，磊磊落落，家无余财"。在和王公大臣们交往中，无以馈赠，便将家乡特产小河白菜作为礼物，让同僚们品尝。小河白菜口感好、营养丰富，决然没有普通白菜垫牙或丝丝缕缕那种感觉，让吃过它的人难以忘怀，一时间小河白菜风靡全城。

简单外表下的每一口都是奢侈

时至今日小河白菜仍被当作白菜界的"爱马仕"。

虽然和大部分食材比起来，白菜除了淡淡的鲜甜，就没有明显的味道。但正是这份无味，凸显了它最难得的特质。

这可是中国厨艺的精髓，能包容任何味道的蔬菜，可以与任何食材搭配，在中国人的智慧之下，可以千变万化，百味迭出。

这份被赐予"爵位"的宫廷白菜，在张师傅的精致烹饪下，慢慢浮现出当日的繁华。

小河白菜在张师傅的熟练刀技下立刻被分解成几大块，帮叶完美分离。细细观察，竟然在叶子上找不到一丝菜帮，菜帮上也没有一丝白菜叶。

接着取出金鼎看家配料"海参"，洗净切丝。同时将新鲜大虾剥皮取仁，留作备用。一颗咸鸭蛋打入碗中，蛋清分离，留下蛋黄上锅蒸约10分钟，取出捣碎。

小火加油，分别放入姜丝、面粉、花生酱炒制香浓后加入已熬制好的高汤，放入切好的白菜调味。约2分钟后加入捣好的咸蛋黄取器盛出。备用的海参、虾仁过水捞出放在表层即可。

蔬菜帮子脆爽清甜，蔬菜叶顺柔细腻，看着简单的清汤寡水般白菜竟是用老母鸡、鸭、猪排骨、火腿等食材熬制出的高汤烩制而成。海鲜、家禽、蔬菜，这三样看似毫无联系的食材在张师傅手中完美融合，共同缔

造了这极致的口感。

在醇白香浓的大骨汤如潮水般的温暖包裹下，新鲜嫩黄的白菜叶只露出一点俏皮可爱的额头。白菜帮子在高汤的浸泡下如同洗了个中草药材浴，浑身散发着醇厚的浓香。高汤中的肉质分子一点一滴沁入白菜纤维中，慢慢融成一体。

每一口咬下去都是奢侈的感觉。

宫廷白菜代表着一种中华美食的艺术，看似简单的外表下，藏着极深的功夫底蕴，只有亲自品味过后，才会明白其中的精华与伟大。

秘籍

宫廷白菜做法

食材: 白菜 50 克、虾仁 10 克、海参 70 克、枸杞子 6 个、香葱、盐、咸蛋黄、菌粉、高汤、花生盐。

做法: 首先把小河白菜切成块状;接着把海参切成丝,虾仁一切为二,留作备用;然后切少许姜丝,将咸蛋黄上蒸笼进行蒸,10 分钟后取出将其拍碎,留作备用;最后上火加油,放入姜丝、面粉、花生酱进行翻炒,待味道香浓后加入高汤,放入白菜进行调味,炖两分钟后,加入咸蛋黄。待出锅之后,放入盛器中,将虾仁、海参过水捞出之后放在上面即可。

特点: 咸鲜浓香、清淡舒适。

金鼎商务酒店

风穴路

广城中路

洗耳中路

府后街

汝州市第一
人民医院

营房街

康复街

利民街

广育路

汝州市政府

寻访地址：汝州市广成中路 150 号金鼎商务酒店

采访视频二维码
打开抖音 搜索页扫一扫

HUAN XING MEI SHI

天瑞
国际饭店
打卡推荐
★★★★★

在汝州唤醒味蕾

金瓜排骨：
烹饪里的美学艺术

　　《孟子·告子上》曾语："食色，性也。"早在数千年前人们就意识到吃美味的食物、看漂亮的人物是人对美好事物的天性追求。

　　19 世纪英国作家与唯美主义代表王尔德曾提过，生活的奥秘存在于艺术之中。20 世纪末欧洲正式出现了"生活美学"的概念，足以说明艺术与生活息息相关。

　　时至今日，不论从生活还是从艺术角度去审视两者，我们都能发现对方的影子。生活美学是"审美生活化"和"生活审美化"的双向进程中的副产品；前者指艺术品的生活化，后者指生活方式的审美化倾向。

一言以蔽之，"美是生活"。而美学和人类的一切文化科学知识最初都起源于人类的饮食生活。

艺术来源于烹饪生活

根据马克思主义"劳动创造人"理论，人类原始生活劳动完全围绕进食生存、繁衍后代这一自然法则进行。

食物由生成熟，装盛工具由器代手，随着人们思想意识的逐步成熟，审美情趣与文化追求也在逐步演进。只要吃东西就会意识到"滋味美不美"，由此带来对美味食物的形、色的欣赏，这便是人类最初对自然美和形式美的感受。

随着生活条件的改善，人类对美食的审美需求有了更高的要求，讲究菜品的色、形、意、器，厨师也由单纯的厨师变为"烹饪艺术家"。

五彩缤纷的菜品是对烹饪美学的表达。或是菜品本身诱人食欲的色泽和色彩搭配；或是通过烹饪制作和摆盘点缀呈现出美观形状；或是通过菜品氛围的营造表达对菜品的理解；或是选用美观得当的盛装器皿锦上添花……

这一切都充分表达了当今社会主要需求转化为"人们对美好生活的追求"。其主要包括两个层面，一是物质，二是精神。而今大多数人的物质生活水平已普遍满足，而精神层面却正无限追求。于是人们对吃这一事也越来越看重，无论从就餐环境还是菜品设计上看，人们渴望从日常生活点点滴滴中感受美、欣赏美。

基于日常生活宴请、商务等必不可少的人类社会关系活动，餐厅特别是高档酒店对菜品要求也相对较高，食物已不再仅是食用而更具备观赏性、艺术性特征。

烹饪人生的艺术追求

位于汝州市广成东路的天瑞国际饭店，是一家具有四星级酒店标准的国际化连锁品牌。多年来不仅为外地人提供了全新的旅行生活体验，更让本地人体验到地地道道的汝州豫菜。温馨舒适的空间氛围、殷勤好客的细致服务、自在自我的心灵释放，是天瑞国际饭店独具匠心的待客之道与品位要求。

三年前，主厨朱化辉结束洛阳"流浪"生活，拿了个皮箱子只身回到老家，来到这里。他从放下行李当天，就开始在天瑞工作。20多年的豫菜学习让他很了解中原人的口味，也带来了更多当地人从未吃过的新鲜菜肴。

金葱烧海参、软熘鲤鱼焙面、炸八块、紫酥肉等经典豫菜名点，在他手上融合创新不断推出，颇受汝州当地人的喜爱。在朱化辉看来，做菜更像是创作一件艺术品，看着一幅幅画、一件件雕刻在自己手中完美出品送到顾客面前，是一件既自豪又兴奋的事。

朱光潜曾在《谈美》中提过："凡是艺术家都须有一半是诗人，一半是匠人。"

朱化辉告诉我们："烹饪是一种生活艺术。当初刚毕业时觉得厨师就是个做饭的，后来慢慢习惯，就体会到了其中的乐趣。"音乐、舞蹈等艺术起源也与烹饪密切相关：原始人在烤熟兽肉，围着火堆，品尝美味时，回忆起打猎时的紧张场景和拼死搏斗的顽强，不由得"手之舞之，足之蹈之"，口喊嗓子、相与唱和。

第二辑 登堂入室

汝菜之美就是自然之美

今天朱化辉给我们带来的是一道中原融合菜——金瓜排骨。他说豫菜中和五味，容纳各种菜系。中原位中者为天地之根，居东西南北之中，于甜咸辣酸之间，不偏不倚，是为守中。

"金瓜排骨为传统融合菜，但将它引入天瑞后厨还有一段小故事呢。"朱化辉娓娓道来。曾有一次朱化辉去朋友店里做客，朋友做了一道创新菜金瓜排骨。而他是将金瓜和排骨烧在一起，从视觉上看没啥新意，金瓜也失去了本来的味道。

回来以后朱化辉就自己琢磨研究，金瓜用传统的蒸制方法，既保留营养又美观，还可以当容器。吃一口金瓜的甜香，再吃排骨就更突出排骨的肉香，又将荤素巧妙搭配，视觉也提高了。后继很快在天瑞推广开，并且得到很多食客好评。

朱化辉强调，烹饪的美，在于色、香、味俱全。第一是感官，色泽的搭配，

主次分明，不能是杂乱无章，也不是随意搭配，出品一定要从感观上吸引客人，让客人有进食的欲望。第二是嗅觉，也就是香，香味也是勾起饥饿感的原因。第三就是味觉，味觉是最后一关，有前面的色和香，就会给味觉提供信息，使味觉达到最美的享受，最后使食材充分发挥营养。这样就是一道精美的作品。

金瓜排骨在朱化辉的精雕细琢下，完整保留了金瓜自然形状和自然风味，以金瓜、排骨、香料、花草为料构造果蔬丰富、牲畜丰足的美好乡村憨景，还原食材本来环境，营造田园乐趣用以寄托厨师自身意趣。

取当季金瓜，顶部去盖，去除瓜馕和水，蒸熟成碗，保留金瓜天性。排骨洗净先蒸，放入锅内加豌豆、红黄辣椒炒至断生，出锅后盛入空瓜内，再次蒸制，金瓜排骨盅由此得名。

精选排骨的鲜嫩蛋白质分子遇到金瓜自然甜味剂，在甜性条件下，蛋白质从油腻混沌状态开始分解，排骨的鲜香与金瓜的清甜融于一体，这是新的复合风味出现的标志。

金瓜的橘黄衬着排骨的红、豌豆的绿、辣椒的黄，配以巧克力豆、小麦淀粉做成的蜗牛状造型，宛如一份精致的田园艺术品，勾引着我跃跃欲试的味蕾。

这是一种自然的味道，也是汝州的味道。

汝州地处中原，得中州之地利，倚四季之天时。统东西南北中为一体，融甜咸酸辣鲜为一鼎，形成汝菜"自然和谐"之美。

自然之美就是美的上乘。

金瓜排骨做法

食材： 小金瓜、排骨、红椒、黄椒、胡萝卜、豌豆、巧克力豆、小麦面粉。

做法： 排骨洗净清洗放蒸锅，蒸40分钟，倒出汤汁捡出排骨；金瓜切锯齿形挖出瓤子，做出金瓜盅；锅子烧热加油放入葱、姜、蒜、红黄辣椒、胡萝卜片、豌豆翻炒断生，加入蒸排骨盛出放金瓜盅中，放入特制调料于蒸锅中蒸制半小时即食。

特点： 鲜香爽食、绿色保健。

城垣路

政通路

宏翔大道

广成东路

宋氏金博大医院

天瑞国际饭店 📍

安国路

禄丰街

绿洲苑

199
第二辑 蹬室入室

寻访地址：汝州市广成东路 59 号天瑞国际饭店

采访视频二维码
打开抖音 搜索页扫一扫

天瑞
国际饭店
打卡推荐
★★★★★

金米鲜鲈鱼：
汝州往来人，但爱鲈鱼美

　　"江上往来人，但爱鲈鱼美。君看一叶舟，出没风波里。"

　　自古鲈鱼因其肉质鲜美、寓意吉祥成为无数文人墨客的"笔尖美味"。就连一生坎坷艰难的范文正公在品尝完江上鲈鱼后，也情不自禁地写上一首《江上渔者》来表达他对鲈鱼的钟爱之情。

　　鲈鱼多见于吴江地区，其中以松江鲈鱼为上品。鲈鱼象征富足，古时并不是家家户户能吃到，基本上见于官家或士大夫府中。

而今随着交通运输的便捷快速，无论你是处于沿海地区欲吃一碗河南烩面，或是处于平原地域欲食一盘新鲜的阳澄湖大闸蟹，都能在极短时间内完美满足你的"味蕾奢求"。

〰〰 一次大胆的搭配 〰〰

河南地貌丰富，长江、黄河、淮河、海河四大水系滋养着这片土地。那些散落在全省各地的宽广水域、大小河流成就着当地不一样的富饶与精彩。

北汝河是汝州的母亲河。据清《汝州志》记载，在清代，汝河两岸登记在册的水渠就有87条。北汝河属沙颍河水系，是淮河二级支流，发源于河南省嵩县车村镇栗树街村。

北汝河汝州段上下45公里，流经临汝、温泉、杨楼、庙下、骑岭、王寨、汝州、纸坊、小屯等乡镇，流域面积1507平方公里。北汝河水质清澈、鱼虾肥美，丰富的渔业资源吸引无数食客纷至沓来，北汝河美味早已声名在外。鲈鱼是北汝河流动的精灵，满足了平原地区人们对海鲜的妄想。

鲈鱼的美好滋味，仰赖于厨师的制作技术。鲈鱼自古传统做法大多清蒸，生怕破坏鱼本身的鲜味和营养，不敢加入其他主食以恐产生味觉上的冲撞。天瑞主厨朱化辉从来不喜欢将自己困在枯燥的法则里，他喜爱大自然也享受着从大自然中获取的灵感冲撞。

朱化辉用"大胆"两字形容自己，金米鲜鲈鱼正是"大胆"的朱化辉一次大胆的搭配，一改鲈鱼传统做法。为满足食客"既能做配菜又能当主食"

的需求，朱化辉动足了脑筋，多次试验多次失败再重新试验，最终找到了鲈鱼的"灵魂伴侣"——泰国香米。

泰国香米顾名思义出自全世界最优质的天然黄金粮食生产福地泰国。精益求精的原产地和传统农耕的天然滋养，造就了"泰国香米"极致精华的出众品位。

绚丽多姿的湄公河与沐河环绕的高原地带上。日照充裕，昼夜温差大，土质呈弱碱性，孕育出的香米米粒修长，呈玉白色，香醇爽滑，饭味浓郁，是世界大米的精华之品。

用泰国香米做主食，米的茉莉清香搭配鱼汤的鲜美，美味又营养。鲈鱼的滑嫩在泰国香米的香醇下发挥到了极致。鲈鱼肉白如雪、细嫩爽滑，营养价值丰富，是我国四大淡水鱼中含 DHA 量最高的。

〰〰 一材一料皆为上品 〰〰

明代"吃鱼高手"李渔在《闲情偶寄》中曾记载："食鱼者首重在鲜，次则及肥，肥而且鲜，那是最好的了……烹煮之法，全在火候得宜……宴客之家，他馔或可先设以待，鱼则必须活养，候客至旋烹。鱼之至味在鲜，而鲜之至味又在初熟离釜之片刻……"

冬季的鲈鱼最为肥美。鲈鱼有越冬的习性，一般当年12月份至次年3月，鲈鱼

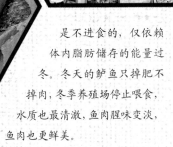

是不进食的，仅依赖
体内脂肪储存的能量过
冬。冬天的鲈鱼只掉肥不
掉肉，冬季养殖场停止喂食，
水质也最清澈，鱼肉腥味变淡，
鱼肉也更鲜美。

朱化辉擅长"一刀法"对鱼的伤害最小，对厨师的技能要求则很高。既能够减少鱼最后挣扎使其失血最少，又能快速切断鱼的经脉使细胞能量不易损耗保持肉质新鲜。

钢刀与玫瑰的碰撞

选用一斤左右的新鲜鲈鱼去脏去鳞，剔除鱼骨放一旁备用。脱骨后的鱼肉片油脂绵密很适合生食，而金米鲜鲈鱼却是一道热食，另有独特风味。拿一把精细研磨过的切片刀，沿着白中透粉的脂肪纹路轻轻划过，一块块厚薄适中的鱼肉就片好了。

片好的鱼肉用清水冲洗几遍，控干多余水分，撒入少许盐腌制。再打

入半个蛋清和鱼肉亲密接触，使每
一寸鱼肉都渗入蛋清的绵柔，细腻
又润滑。稍等片刻加入少许淀粉
给鱼肉上浆，腌好的鱼片等待
时间的入味。

同时拿起一旁光
秃洁白的鱼骨加入清

在汝州·汝醉美食

水低温熬制，切入生姜、花椒、蒜末，去腥提鲜。鱼骨自带骨质蛋白，只需添加少许盐辅佐，美味即成。

应季的泰国香米小火炸至金黄，将全生的应季时蔬和金针菇铺于砂锅底部，撒上炸好的香米，最后把鱼片均匀地铺在金米上。在顶部撒上五分熟的青豆，冲入保温壶中熬好的鱼汤，架小火把砂锅烧开等待美食的生成。

香米有股天然的、淡淡的茉莉花清香。经过热油的洗涤，这种清香还一直留存。炸熟后的小米金黄酥脆、粒粒分明，在鱼汤的浸泡下米香四溢。略硬的香米和绵润的鱼肉双剑合璧，直指人心。

金米鲜鲈鱼，将新嫩肥美的鱼肉和金黄酥脆的香米沐浴在鲜香热腾的鱼汤里，让每一粒米、

每一片肉都被鱼脂蛋白包住。趁热尝上一口，一时间，满口异香。坚硬的牙齿触碰上绵柔的鱼脂，那一刻就如同钢刀碰到玫瑰，一直硬挺的心一下子就软了下来，眼泪不禁在眶中打转。

细细品嚼，淡淡清甜，回味无穷。唯有喝一口鱼汤、吃一口蔬菜才能将这满腔满腹的柔情化为无形，整理好心情回归生活。

秘籍

金米鲜鲈鱼做法

食材：鲜活鲈鱼、泰国香米、应季蔬菜、金针菇、青豆、葱、姜、蒜。

做法：首先把鲈鱼去内脏去麟，剔除鱼骨备用，再把鱼肉片切成厚薄适中的如刀片厚度，片好的鱼肉用清水冲洗几遍，控干多余水分，加少许盐入味，再加入半个蛋清和淀粉使鱼肉上浆，腌好的鱼片备用；取鱼骨加清水、葱、姜熬成鱼汤备用；把泰国香米炸至金黄，应季时蔬和金针菇铺在砂锅底部，撒上炸好的香米，最后把鱼片均匀地铺在金米上，撒上青豆，最后冲入熬好的鱼汤，架小火把砂锅烧开即食。

特点：鲜香味美、营养丰富。

城垣路

政通路

宏翔大道

广成东路

宋氏金博大医院

天瑞国际饭店

安国路

禄丰街

绿洲苑

寻访地址：汝州市广成东路 59 号天瑞国际饭店

采访视频二维码
打开抖音 搜索页扫一扫

雅食乐
商务酒店
打卡推荐
★★★★★

HUAN XING MEI SHI

舌尖上的毛肚:
毛肚的野性与率真

　　一筷子挑起大片毛肚,在火红油亮的滚汤中"七上八下",微蘸蒜泥香油,在口中"咔嚓"一声……我想没有一个人吃火锅的时候不点毛肚吧!

　　"吃火锅必点毛肚"这个行为早已深入国民日常饮食意识中。就连我喜爱的男演员黄磊老师也曾在《向往的生活》中提及:"毛肚是火锅的灵魂,是火锅招牌菜、代名词。"

　　火热霸道的重庆人一年毛肚销售量铺开大概有4800万平方米,足够给整个澳门盖1.5层"夏凉被"。因此毛肚也就成了川菜的代名词。

毛肚的野性风

牛全身是宝，毛肚颇为营养。毛肚就是牛的瓣胃，也叫作牛百叶。作为一种特殊的反刍动物，牛有四个钢筋铁胃，每个胃都有自己的口感特点，用火锅涮的毛肚大多是最脆嫩的第一个胃——瘤胃。

在《本草纲目》上有记载"毛肚，补中益气、养脾胃"。毛肚中的蛋白质含量丰富，常吃毛肚可以促进身体新陈代谢，提高自身免疫力；还含有铁、磷、钙和核黄酸、烟酸等多种营养成分，补气养血、脂肪含量低。

千百年来毛肚因其独特魅力经久不衰。重庆码头上的一锅辣椒水，几片毛肚涮下去，红彤彤、热辣辣下饭。这些看似平淡无奇的食材搭建起毛肚的基调——野性。也只有这样的野性，才能与重庆火锅的厚味重油相配，与浓烈的永川豆豉、山风吹不透的甘孜牛油、怒放爆裂的汉源花椒相宜。

"舌尖上的毛肚"是雅食乐苑酒店今年新推出的一道特色菜，它是根据汝州人口味由川菜改进而来。用麻椒代替花椒，高汤代替清汤。

"近些年来，我们汝州人越来越能吃辣，所以我们引入川菜也越来越多。"说话的正是雅食乐苑的主厨李久胜，50岁的李久胜聊起天来慢条斯理、气定神闲。

传统汝州人爱吃辣，但，是一种有节制的辣，辣椒永远是汝州人餐桌上的惊鸿一瞥。

主厨的特殊爱好

跟随行政主管进入雅食乐苑后厨，即将到达晚餐高峰期，李久胜正在检查最后的食材准备情况，一场新的战争又将开始。

雅食乐苑后厨不大，七八个年轻小帮工正在一张厚重的旧瓷砖长桌上切菜。雅食乐苑大酒店后厨不同于其他酒店，是用不锈钢拼装而成的冰冷而单调的环境。在雅食乐苑后厨中央位置有一个肉红色长桌，或因年份太久裂了几条黑缝，如同一棵老树在风吹日晒中留下岁月交替的痕迹，温暖而有内涵。

这条老案板，不仅保留着每双手触摸的温度，也记录着每位客人喜爱的味道。

"你将菜切好摆盘，你将锅洗一下，你看看高汤熬好没……"看着一张张出菜订单，李师傅不紧不慢，沉着而冷静地指挥着后厨的运转。在李师傅眼中，一单单菜品了然于胸，

／ 在 冰州 俅 酬 美 食 ／

他如同一场交响乐的指挥手，渐强渐弱，渐高渐低，完美操纵着整场夜宴的节奏。

李师傅拿出今天刚从市场上买来的香料，他对香料有自己独特的理解。依靠敏锐的嗅觉挑选香料，是他最严肃的时刻。炖一锅好汤，将影响到今晚所有菜品呈现，剩下一切自然水

到渠成。

80℃的高汤，将鸡架、猪骨头加入净水低火慢熬 3 小时，加入他精挑细选的香料直至炖得汤色如奶白，骨头烂香酥软。"舌尖上的毛肚"这就已经成功了一半。

除了香料上的天赋，李师傅对食材的选择也极为严苛，更具有独到的见解。

汝州的气候四季分明、阳光充足，又缺少湿气水汽的滋润，天干物燥。干燥中如果再多吃一点辣椒就会造成身体的不适。所以辣椒虽备受汝州人的热爱，命里注定只能取一点微辣。

四川人爱吃花椒，香辣浓烈，与花椒不同，麻椒辣味稍逊。李师傅说："我就想到用麻椒来代替花椒，更加符合我们汝州人的口味。"

麻椒属于一种青花椒，是四川省、贵州省特产。种子成熟时是深绿色，风干之后呈棕黄色，种皮有瘤状突起。闻起来虽没有红花椒气味芬芳，甚至有点呛鼻子。但是麻椒，椒如其名，则麻味浓烈持久，就是它的麻味奠定了它在川菜中的江湖地位。

〰 麻辣毛肚，热辣汝州 〰

每天围着灶台，精心于每一道菜的制作过程，对烹饪的热爱贯穿了李师傅大半生。"做菜最关键的是原材料的选择和火候的完美掌握，再加上做菜时的用心。"

一切准备就绪，开火放油，李师傅将切好的酸菜、葱、辣椒先后放入大锅中，用菜籽油炒入味。倒入准备好的高汤，放入黄豆芽、滚刀块黄瓜小火煮开，直至豆芽变软，加入适量盐和鸡精等调料捞起一旁备用。浓香的骨汤补足了蔬菜在香味上的缺失，更衬托出豆芽、黄瓜的清甜，将鲜味和香味进一步提升。

手拿一双长筷挑起水中新鲜毛肚放入煮沸的高汤中一分钟即可捞起，严格把握好时间。一分一秒，不多不少。少一分生疏，多一分过老。这种毛肚

吃起来藏着不可言语的快乐。

另起炉灶小火，加少许油放入 20 克精选麻椒爆香出锅添在毛肚表面，浸入骨汤深处。另切入适量胡萝卜丝、蒜丝、香葱段加顶。这个独特的搭配正是出自李师傅之手。

对于何时上桌何时开吃，李师傅有着自己的"一杆秤"。恰当时候上桌的毛肚脆而鲜嫩，带有粒状凸起。来来回回之间浸满骨汤

的香气，搭配正宗的麻椒入口，牙齿咬合，"嘣、嘣"之声不绝于耳，给牙齿带来震颤的快感。

闻着麻椒散发出的迷人芳香烃，忍不住咽了咽口水。夹起一片，在麻椒麻素刺激下，舌尖神经纤维产生的高频率震动让人感到莫名快感，越麻越想吃。豆芽、青瓜为毛肚增添清新的果香之余，又中和了麻椒的刺激口感。咀嚼

间迸发出骨汤特有的香爽，香而
不腻，辣而不燥，泼洒着麻的信仰。

　　麻热火辣的毛肚就如同温暖
热情的汝州人，辣而不狂，热而
不炙。

秘籍

舌尖上的毛肚做法

　　食材：毛肚、麻椒、豆芽、
青瓜、骨汤。

　　做法：猪骨、鸡架熬汤备
用；适量菜籽油小火放入豆芽、
青瓜、葱、姜、蒜炒熟，加入
备用骨汤，根据自己口味放入
盐、鸡精、味精等调味品盛出；
另取新鲜牛肚放入骨汤中烫一
分钟，严格把握时间，烫好放
入碗中。起锅爆炒 20 克麻椒，
浇入骨汤内；最后将胡萝卜、
大蒜切丝添在毛肚上面即可。

　　特点：麻辣开胃、鲜香
利口。

梦想大道

风穴路

汝州圣庄园

雅食乐
商务酒店

永安街

物盈街

怡景苑

城垣新区

寻访地址：汝州市风穴路431号雅食乐商务酒店

采访视频二维码
打开抖音 搜索页扫一扫

HUAN XING MEI SHI

四季养生
私房菜
打卡推荐
★★★★★

孟诜养生大鱼头：
《食疗本草》里的养生秘诀

　　2020 年的新冠病毒凭借着它"过硬"的本领成功成为人类"常态化"防击的目标。但是人类与生俱来有着不同于其他动物的韧性，我们在危机中成长、在逆境中觉醒。疫情让我们顿悟健康才是我们终其一生所应追求的目标。

　　于是"好好活着"成为 2020 年绝大多数人的关键词。

食疗鼻祖的自然养生之道

好好活着首先得好好吃饭。"要想保养身体，调养性情，必须做到善言不离口，良药不离口。"这是唐代 93 岁高寿的养生大师孟诜的长寿秘方。他那记载了 89 种养生食材的经典专著《食疗草本》更是受到无数后代的热烈追捧。

无疑，孟诜大师可以称为中国美食界的名医、中医界的食神。

汝州是孟诜的故里，1000 多年的孟诜文化影响着这片土地，从舌尖到心头都被深深渗透。这不仅仅是孟诜的味道，更是历史的味道、人情的味道、故乡的味道、记忆的味道。

汝州四季养生私房菜是汝州餐饮界一个新的美食风向标。店内所有菜品均依据《食疗本草》一书而来，开创了美食与养生的完美糅合。依据人体对四季变化的不同需求，调整配料，达到养生目的，形成美食与健康的完美相遇。

四季养生私房菜不仅是汝州市旅游局授予的"旅游推荐单位"，并且被汝州市劳动就业局授予"餐饮服务实训基地"。多年来四季养生私房菜为了给汝州老百姓打造一个健康养生厨房，从二次元的餐饮经营模式转化为传统饮食养生文化与现代理想相结合的新美食实践地。

阴阳交替，四季轮回，这是万物生长的规律。道法自然，天人合一，这

是智慧养生之道。对于饮食而言，"律"与"道"可以同步进行。这是四季养生私房菜一直提倡的养生创作理念。

遵循大自然的转化肌理，四季养生私房菜所有菜肴按照《食疗本草》应季而生。"春省酸增甘，以养脾气；夏省苦增辛，以养肺气；秋省辛增酸，以养肝气；冬省咸增苦，以养心气；季月各十八省甘增咸，以养肾气。"

每一个季节的菜单都是同中医名家一起定制而成。尽心烹制的传统方式，祖先的智慧，自然的融合，大师的心诀，食者的领悟，每一道菜都是集"万物之智，百家之长"凝聚荟萃而成。

〰〰〰 孟诜牌"鱼头泡饼" 〰〰〰

中原人有一句谚语："宁舍一头牛，不舍大鱼头。"孟诜养生大鱼头是四季养生私房菜的头部招牌。

历经800个鱼头实验，90天内测，100多位餐饮大师品鉴，1800位江湖吃货认可点赞，才成就了今天餐厅内"桌桌必点，待客首选"的孟诜养生大鱼头。

作为新时代养生女青年，一直以来对朋友圈传播的各种养生小妙招深信不疑，对中国传统中医大师更是推崇至极。怀着对孟诜大师深深的崇拜之意，我们跟随主厨来到四季养生私房菜后厨，想要一睹这盘号称孟诜牌"鱼头泡饼"的尊容。

正好碰上主厨刚从水池中网捞起一条5斤多大鲢鱼，拍晕切段清洗，取下鱼头向我们强调道："孟诜养生鱼头一定得是千岛湖3~4斤原生态花鲢鱼头。"千岛湖水在中国大江大湖中位居优质水之首，为国家一级水体，不

经任何处理即达饮用水标准，被誉为"天下第一秀水"。

野生花鲢鱼常年自由生长在580平方公里的湖中，鱼儿吃着湖边松花树飘落的松花粉，喝着纯净水长大。不吃任何人工饲料，靠吃水域中浮游微生物长大的鱼，其生长周期一般为2年以上，属纯野生鱼。

野生花鲢鱼肉质鲜嫩且有韧性，而且几乎没有泥腥味。孟诜养生大鱼头全部都是用的两年自然生长的千岛湖花鲢鱼。鲜活肥美的千岛湖有机鱼，从遥远的千岛湖起程，历尽艰辛到达汝州，活水圈养，吃到每口都是新鲜。

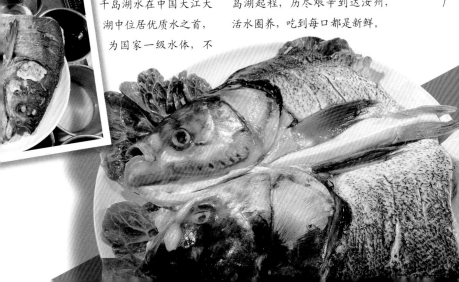

穿越千年的味道

随后根据汝州当地人的口味进行改良，洗净鱼头小火油煎数分钟，加入自制鱼头酱，倒入浓郁高汤配以党参、当归等20种中草药材煨制2小时，起锅架于瓦斯炉灶加热保温，口味咸鲜，汤汁浓郁，肉质紧实，十分入味。

鱼头泡饼是地道的京帮菜，北京旺顺阁的鱼头泡饼更是因曾上过两次《舌尖上的中国》而成为北京著名餐饮品牌。不同于北京旺顺阁，孟选养生鱼头除却应用《食疗本草》里独特养生烹饪之法外，它的饼也是有身份的。

四季家泡的饼不是北方千层酥饼而是汝州本地锅馈馍。现烙现吃，运用死面做的饼口感更柔韧而筋道。咸香酥脆，耐泡性极好，麦香味浓郁，吸满汤后更可口到不行。和千岛湖鱼头一搭配，简直就是完美。

这不仅是一种因地制宜的变通，更是顺应自然的中国式生存之道。

"鱼头品三嫩，鱼唇鱼脑鱼划水"，鱼头吃起来也是有讲究的。一口鱼唇，胶质蛋白最丰富，Q弹润滑；二口鱼脑，脑黄金最充裕，剔透柔腻；三口鱼眼，不饱和脂肪酸最饱满，柔糯新奇。

孟诜智慧巧妙地从自然界中获取美味，1000多年来汝州人也一直以简单的做法、独特的匠心，传承着孟老心中的那份味道。这都来源于人们对上天和食材的敬畏以及对自己深爱的那片土地的眷恋。

《食疗本草》里散发出的1000多年前的异香，至今仍萦绕在我们的味蕾上，萦绕在汝州子民共同的味觉深处。

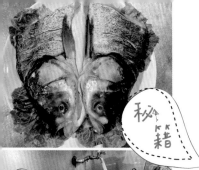

秘籍

孟诜养生大鱼头做法

食材： 千岛湖鱼头、锅馈馍、卤豆腐。

做法： 选自千岛湖3~4斤花鲢鱼头，油炸过油，放入一勺鱼头酱，加入特制高汤及党参、当归等20余味中药材慢火煨制2小时，同时将七八块卤豆腐切片油煎微黄放入炖好鱼汤中起锅，架在瓦斯炉灶上边温边食。

特点： 肉嫩汤鲜、健康养生。

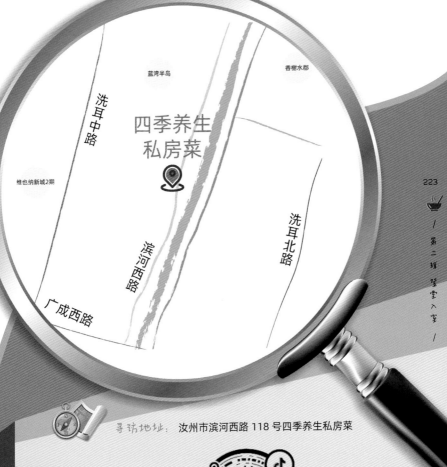

蓝湾半岛

香榭水郡

洗耳中路

四季养生
私房菜

维也纳新城2期

滨河西路

洗耳北路

广成西路

寻访地址：汝州市滨河西路 118 号四季养生私房菜

采访视频二维码
打开抖音 搜索页扫一扫

愚仁家
烤鸭
打卡推荐
★★★★★

HUAN XING MEI SHI

愚仁家烤鸭：
枪在手，跟我走！做烤鸭，去汝州！

　　如果看过姜文导演的电影《让子弹飞》，里面有句台词一定让你印象深刻。麻子和兄弟们高喊着"枪在手，跟我走！"最终，几个外来的人却制造了一个县城最大的轰动。

　　在汝州，也有这样几个人，正在用他们的行动，改变着这座城市。只不过这次，他们拿的不是猎枪，而是做烤鸭用的鸭枪。

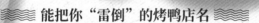

〰️ 能把你"雷倒"的烤鸭店名 〰️

不论你是步行还是驾车，只要你有机会从向阳中路经过，一定有一家餐厅能把你"雷倒"。在这个追求精明的时代，"愚仁家烤鸭"这个名字初听起来多少让人有些不悦。

如果你再多看一眼这家店的广告语"争创中国烤鸭第二品牌"，大大的广告语在门店门面上，究竟是怎样的一家烤鸭店敢比肩著名的北京烤鸭？究竟是怎样的一群人能为这个"第二"感到如此快乐？此时，你仿佛能感到头上瞬间长出很多的问号。

如果有机会，那你一定记得带着这些好奇走进这家店里一探究竟。在汝州，鸭肉的美食并不是人们常吃的美食，打开地图搜索，你会发现在这里其实店名里带"鸭"字的并不多。

愚仁家烤鸭，作为名字带"鸭"字较早的一家，真的可以说是不走寻常路。在和店面经理深聊之后，你会发现这家店果然不是汝州本地的餐厅。

不论在哪里，吃烤鸭都讲求吃热的。看着烤炉前忙碌的厨师，用鸭枪挑进挑出烤鸭，再亲眼看着厨

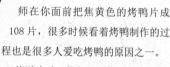

师在你面前把焦黄色的烤鸭片成
108片，很多时候看着烤鸭制作的过
程也是很多人爱吃烤鸭的原因之一。

烤鸭肉片，蘸上甜面酱，配上葱丝、
黄瓜条等蔬菜，用薄饼卷起来吃，整个过
程都是一种享受，吃饱之后再喝上一碗鸭
架汤，一顿美餐能够让你倍感"人间值得"。

在汝州，愚仁家烤鸭就是能够让你找到这种感
觉的地方之一。

既然是追赶"中国烤鸭第一品牌"，愚仁家烤
鸭和北京烤鸭也有着相似之处。在原料上选用正宗
北京填鸭，秉承传统果木挂炉烤鸭的技法，八个调料，
三种吃法，经过改良，鸭皮香脆，经过特殊排酸烤制工
艺后，烤鸭的脂肪含量比传统脂肪含量要低。

爱吃烤鸭的人，对烤鸭的甜度都有着要求，不甜缺少
味道，太甜又抢鸭肉味道。为此，愚仁家烤鸭选用了甜度比
较低的方味白糖，鸭皮蘸了糖放在舌尖，用舌头感受糖在嘴里
融化的过程，趁势把烤鸭放进嘴里，有着一种难以言语的奇妙。

大智若愚里也有小心思

作为一个外来的美食品牌，
这个以"愚"自称的餐厅其实有
着他们精明的小心思。店面经理
给我们解释了"愚仁"真正的含

义。愚，代表公司同人像愚公移
山的坚韧不放弃的奋斗精神。仁，
代表着公司对待顾客、员工以及
供货商都要有仁爱之心。家，在

这里就餐舒适温馨，有家的感觉。

这种品牌价值观的解读，相比汝州传统的餐饮老店，无疑给人带来一种新鲜感。

近年来，汝州城市化发展进程飞速，现代化的城市建设也在吸引着更多像愚仁家烤鸭这样的外来品牌在汝州开起店面。

如果说在传统美食老店里吃的是老汝州人的回忆，那么愚仁家烤鸭则正好选择了一条相反的道路。既然不能让人们找到"老"的感觉。那不如把"新"做到极致。

店门口进出的食客总能受到服务人员的列队"礼仪"，整齐地排成队列，一个整齐的鞠躬，不论你是顶着饥饿而来，还是饱餐之后离开，都会感到一种对于食物和生活的神圣感。

注重就餐环境、出品品质、优质服务也正是这家烤鸭店品牌创始人肖慧克先生的经营理念。在现代餐饮的经营理念中，开放式的厨房是深受年轻人喜爱的选择。在众多菜品制作过程中，烤鸭是极具仪式感的一道美食。

烤炉里升腾的炭火，上面挂着成排的烤鸭，看着鸭肉身上油慢慢渗出，一只烤鸭的出炉过程，寄托着食客的满满期待。

这样的过程对厨房也有了更高的要求，整洁的厨师，整齐的鸭枪，都表现出一群美食奋斗者的精气神儿。

"4D厨房"揭开美食的秘密

如果对现代餐饮有所了解，"4D厨房"这个概念一定不会让你感到陌生。而愚仁家烤鸭里就能让你来一次"4D厨房"的体验。

所谓"4D厨房"，是指餐饮企业厨房管理实现"整理到位、责任到位、执行到位、培训到位"，通过实行一系列标准化管理，提升工作环境整洁度，提高员工业务素质，并明确其岗位责任，提高餐饮企业厨房管理和工作效率。

如"军营"一般整洁的厨房，宽敞明亮的操作间里，每一道工序的厨师有着具体的标准，在保证为人们制作健康而安全美食的前提下，给人带来一种感官的享受。每件工具责任到人，每个物品"有名、有家、有方法"，愚仁家烤鸭把对美食制作的标准流程走到极致，这种死板得略显"愚笨"的美食制作流程，正是愚公精神的现实写照。

有人说，吃一种美食就是在品味一种人生，对于所有人而言，或许人生并没有特别的捷径，只是在长久的坚持中慢慢找到

了便捷的方法和其中的乐趣。

愚仁家烤鸭的烤鸭师傅在用鸭枪重复着他们的日常工作。烤鸭，是一种特别的美食。制作烤鸭不能着急、吃烤鸭也同样不能着急。看似烦琐的过程，只要一步一步按照流程做好，美味终会进入你的口中。

愚仁家门前传来的声音，烤鸭间里飘出的阵阵鸭香，餐厅里来往的服务生，都在用一种现代化的经营理念影响着日新月异的新汝州。

汝州，是汝瓷的故乡，真正的美感经得住时间沉淀，真正的生活在新旧交融中探索前行。当金黄的烤鸭与天青色的汝瓷走到一起，一次美食美器的体验给人带来的也是一种精神的升华。

烤鸭和汝瓷两个影响世界的中国符号走到一起，一座开放而包容的城市正在吸引更多人为它而来。

秘籍

烤鸭做法

食材：北京填鸭、蜂蜜、面粉、黄瓜、葱、胡萝卜、香料等。

做法：将整只鸭洗净，先用开水浇鸭子全身后风干。把鸭子肚子里都涂上椒盐，随后放入果片、姜片等填料。把鸭肚子封好。把蜂蜜、料酒、白醋、水混合在一起，均匀刷在鸭肉上反复几次。鸭子放入烤炉进行烧烤，直到表皮颜色焦黄。

特点：脆酥香嫩、传统技艺。

物盈街

宏翔大道

建兴街

向阳中路

愚仁家烤鸭

建兴小区

城垣新区

寻访地址：汝州市向阳路与建兴街交叉口西 50 米路南

采访视频二维码
打开抖音 搜索页扫一扫

HUAN XING MEI SHI

海瑞鸥
国际酒店
打卡推荐
★★★★★

海瑞鸥合菜:
一盘合菜里的四季人生

有人说，离家越久，对家的思念就越深。离家的自由与家的味道像是一对相悖而行的损友，煎熬着每一个渴望回家的心。

说到流浪，最让人熟知的名字莫过于"三毛"，不论是台湾女作家三毛的文艺情怀，还是影视剧里可爱又搞笑的男孩三毛。每当被这些文艺作品刺激到的时候，都有一种要好好享受生活的冲动。

温泉是汝州的特色之一，或许你不知道，汝州还有一家叫"三毛"的温泉假日酒店，而紧邻三毛温泉假日酒店的还有一家同宗一脉的酒店——海瑞鸥国际酒店，如果有机会走进这家酒店，这里的凉拌合菜一定要亲口尝一尝。

◢◣◢◣ 团圆家宴中的吉祥菜 ◢◣◢◣

在中国的文化中，家庭所追求的就是"团圆"二字。一家老小欢聚一堂，不论是小孩子的童真之欢还是老年人的天伦之乐，咱们中国人讲求的就是一个和和美美。

不论合菜的发明者初心是否由此，但是如今，在中国的家宴上合菜是亮相概率较高的一个，尤其是逢年过节之时。合菜发音与"和""财"相似，是寓意吉祥的一道菜。

就算再简单的事物，只要经过时间的沉淀，都是具有人文印记的珍宝。就像是天青色的汝瓷，就算是没有任何图案装饰，在经历时间的洗礼之后，都有着汝州人生活的美感。

同样的道理，一盘简单的合菜，在时间的沉淀下，也是见证汝州家宴文化的重要代表之一。

〰〰 简单的小菜大有玄机 〰〰

台湾歌手庾澄庆有一首名叫《蛋炒饭》的歌，歌里唱到"蛋炒饭，最简单也最困难"，这句话用在凉拌合菜上也极为恰当。为了探访合菜的秘密，在酒店工作多年的陈师傅亲自带我们走进了厨房，为我们演示了一盘凉拌合菜的诞生过程。

红色的胡萝卜、绿色的韭菜、黄色的豆芽、白色的豆皮、黄白色的肉丝等，切成均匀的丝，焯水过后放入冷水中备用，待到上桌

之前，快速加调料凉拌，搅和均匀。看似简单的菜品，却保留着汝州人生活的原汁原味。

虽然是一道看似简单又家常的菜，但是想要把它做得好吃，这里面还真有门道。为了保留各种菜的口感，过水的时间要把握好。时间短了，菜会硬而且生，时间长了，不仅菜会老，而且还会变色，所以掌握好时间是个重要的环节。

因为是凉拌菜，里面没有过多的油，也没有复杂的烹饪。因此，要把这道菜做得有别于家里日常吃的感觉，其实很考验厨师的厨艺。

众所周知，美食讲求"色、香、味、意、形"，既然是美食，如何让合菜更美也是一门学问。在菜品搭配上，各种原

料的比例要搭配合理，韭菜放多了会抢味，豆芽放多了会显得太白，豆皮放太多又会让合菜失去爽脆感。一道看似简单的菜，其实也是在调和人生的味道。

　　一道凉拌合菜起着重要的作用。作为一桌宴席里最先上桌的几道菜，合菜能否调动食客的胃口，是一桌宴席的关键。

　　爽口的合菜，一方面能引起人们对美食的渴望，另一方面让人清除口中的杂味。合菜就如同后面大菜美食风暴来临前的细雨微风。

一口合菜唤醒家的味道

合菜，是中国菜品中特殊的一道菜。在中国很多地方，都可以找到卖合菜的，但很多地方根据自身特色对制作过程进行了改良。所以想要吃到真正汝州味道的合菜，就必须到汝州。

一种家的味道是其他地方永远无法替代的。如果被问到什么是家的味道，估计很多人一时答不上来，有时候再华丽的语言也难以描述一道菜入口瞬间给人带来的感觉。

走遍全国的饭店餐厅，合菜可以说是到处都可以吃到。大多以热炒的合菜为主，但是为何海瑞鸥国际酒店的合菜却以凉拌著称？这其中自有它的原因。

不论是本地市民还是外来游客，只要对汝州有些了解，一定对海瑞鸥国际酒店这个名字不陌生，作为汝州市老牌酒店之一，这里可以说留着很多人对汝州的记忆。在隔壁的三毛温泉假日酒店，一家人泡上一个温泉，转身到海瑞鸥酒店吃上一顿大餐。这是其他同类酒店所不能及的。

长久以来，汝州市以温泉而闻名，泡温泉一直是汝州人和周边地区的休闲方式。在温泉里，全身上下经过高温的放松，对清凉爽口的美食就更加有食欲。"温泉＋美食"的组合，也让海瑞鸥国际酒店走在了康养一体化的前列。随着人们生活水平的提高，泡温泉和吃美食已经成为汝州市内休闲的方式之一。

一盘普通的凉拌合菜，也是温泉和美食的结合。

如今，不论是长途旅游还是短途旅游，康养休闲消费正在成为人们热衷的方式。海瑞鸥国际酒店通过与三毛温泉假日酒店的产业组合，正在走出一条家居休闲

康养度假的组合
之路。

任何时候，美食
都不是独立存在的，如
果说以前人们吃合菜是为
了填饱肚子，那么现在人们吃
合菜更多是在吃一种健康、吃一
种家的味道，而老少皆宜的合菜
正是承载这些美好的关键。

很多时候，家的美好往往存
在于微小的细节中，相比高价的
大菜而言，合菜因为过于普通，
所以原料都以本地食材为主。不
同颜色的蔬菜，像是不同年龄的
人；不同季节成熟的蔬菜，像
一年四季的变化。世界再大，
总有个地方叫作家；岁月
流转，不离不弃的永远
是家人。

就像很多人迷
恋台湾作家三毛

的文学作品一样，书里很简单的
东西，也会吸引着你去许下一个
远行的愿望，走到那里去亲自体
验一番。

虽然汝州的三毛温泉假日酒
店和作家三毛没有直接联系，但
是海瑞鸥国际酒店就像是三毛作
品里的一个地方，让我们历尽万
难也要奔赴其中，因为这里有一
种感觉，只有汝州人才懂的家的
感觉。

秘籍

"合菜做法"

食材：豆芽、韭菜、胡萝卜、豆皮、肉丝、酱油、醋、糖、盐等。

做法：将肉丝过热水焯熟，将蔬菜过热水焯熟，将食材放凉，加入调料搅拌。

特点：清脆爽口、解腻开胃。

汝州市人民检察院

安国路

农业街

汝州万达广场

广城中路

海瑞鸥
国际酒店

盐城路

禄丰街

宏翔大道

蓝钻名居

第二辑鉴宝入室

寻访地址：汝州市宏翔大道 410 号海瑞鸥国际酒店

采访视频二维码
打开抖音 搜索页扫一扫

德顺祥
传统木炭火锅
打卡推荐
★★★★★

德顺祥木炭羊肉火锅：
寡淡清汤里的烟火人生

　　《让子弹飞》开头有一经典片段，葛优饰演的汤师爷在飞奔的火车里得意人生欢唱"长亭外，古道边，芳草碧连天"，一旁西式餐桌上烧着黄亮亮的铜炉火锅冒着热气，里面的红汤咕噜咕噜地涮着羊肉……"嘭！"这是我对铜炉火锅的第一印象，火热而豪迈。

　　毕业后来到北方，一到冬天发现北方外面原来是真的很冷。冬风萧瑟，万物肃杀，走在街头，只有被狂风吹起的塑料袋子和低头双手紧插衣内快速疾走的行人。每到这时，火锅就成了北京寒冷冬日最大的慰藉，与小伙伴们约火锅的频率也就越来越高。

如同不到长城非好汉，到北京才知铜炉火锅。铜炉火锅是老北京的传统火锅，寡淡的清汤中漂着几片姜片、葱段，这味道能有我们南方的三鲜锅好吃吗？初次与一群小伙伴围坐在一个大铜炉旁，看着一锅清水心中满是疑虑。

但自此一宴后，老北京铜炉火锅成为我外出就餐的首选。

〰 令人"失望"的铜炉火锅 〰

在汝州寻访多日，向导小蒙今天特地给我们安排了一顿羊肉火锅宴以慰我们思乡之情。午饭时间我们驱车赶到风穴路，没想到距离北京800多公里的一座中原小城里还能吃到铜炉羊肉火锅，心中满是欢喜。

一下车连跑带跳，急切盼望见到心心念念的大铜炉。德顺祥门口亮丽而又充满活力的招牌配色引起了我的注意，和我以往去过的铜炉火锅店风格有些不同。我心目中铜炉火锅店代表的是一种老传统的味道，它如果没有东来顺百年的古朴气也应该有聚宝源乌泱乌泱的人气。

德顺祥似乎两者都没有。

一进大门，没有看到涮肉的餐桌，只见右手边一个很大的透明厨房。玻璃擦得干净透亮，两三位身着专业服饰的帮工在里头忙活。早上刚从山上农户那运来的几大只肥羊肉新鲜粉嫩，一位厨工手持一把利刀正在专心收拾，想着今天这羊肉真不错，涮起火锅来应该

鲜嫩可口。于是切下几大块极好的羊肉段盛于筐中。

另一边两位年轻厨工将切好的羊肉段放入切割机中，出来的羊肉块立刻如纸般的薄片。这样的羊肉片才能入口即化，并且还得断丝切，因为顺丝切容易塞牙。剩下的羊肉放入保鲜膜中一层一层紧紧裹成一个圆柱体放入冰箱，24~48小时后等羊肉中的血渍基本压挤干净，这样处理过的肉入锅不散，还不起沫。这就是羊肉界著名的压挤排酸法，老板娘樊姐姐一边领我参观一边为我讲解这些简单行为后的行动机制。

墙上挂着五颜六色的案板，不同颜色不同处理种类。蓝色是水产，黄色是家禽，红色是生肉，绿色是蔬菜，白色是面点。同时橱壁上的毛巾也有不同颜色分类：红色清理全面卫生，黄色擦拭加工设备，黑色清洗设备卫生，蓝色擦拭食品接触面，绿色洗手专用。

各色分工明确，这让我为这家店的细心程度和管理制度所感动，进而对即将入口的食物十分放心。

在汝州深醒美食

沸腾的火锅，蒸腾的岁月

樊姐端着刚切好的羊肉片带我穿过曲绕的水观盆景进入内屋，原来火锅炉子都藏在这边一个个小包间里头，这给了客人聚会足够的私密性。樊姐一边摆盘一边介绍着铜炉火锅的故事。

铜炉火锅一般都是涮羊肉，又称"羊肉火锅"。传说起源于元代，故事是这样的，说元世祖忽必烈南下征战时想吃清炖羊肉。伙夫正宰羊时敌军就追来了。忽必烈饥饿难忍想吃肉，厨师急中生智飞快地切了十多片薄肉，放在沸水里搅拌了几下，待肉色一变，马上捞入碗中，撒上细盐、葱花和姜末，就送给忽必烈"解馋"。后来毋庸置疑忽必烈吃过羊肉旗开得胜，庆功时又点了这道菜。

在樊姐心中，火锅象征着团聚。最初樊姐也是因为喜欢和朋友们一块涮火锅。红铜闪闪、炭火哧哧、清汤滚滚，周身围着最好的朋友。筷子夹着新片好的羊肉入水涮两涮，入口。吞云吐雾似的交换着彼此的光阴故事，无论开心还是悲伤都在不断升温的铜锅里渐渐蒸腾直至消失。

"于是自己在汝州开了第一家铜炉火锅馆，当时对食材选料一窍不通，去了好多地方也问了好多人，才慢慢摸索出一套自己对食材的评判方法，也认识了一群特定供货商，他们的食材都是我精挑细选出来的，好着呢！"樊姐用几句话简单就概括了自己那些艰难的创业岁月。

大多数人的人生都如同铜炉里的清水汤底，寡淡无味。扔进一片羊肉卷，其中鲜味只有自己能体会。

正是这些无数平凡的"小人物"默默熬过了那些平淡的岁月，脚踏实地实现每一个普通的梦想才成就了一座城乃至一个国家光明的未来。

寡淡清汤，烟火人生

选材可不是件简单的活儿。羊肉必须选肉质细嫩鲜甜且无膻味的羔羊和羯羊，还得是山上放养的羊，这样的羊肉才有嚼劲。在老饕眼里，一只羊身上能用来涮着吃的，也只有羊三叉、羊筋肉、羊上脑。

"只有自己喜欢、放心的菜我才端上桌！除了羊肉，这桌上的饺子、红薯粉条都是我们纯手工制作的。"德顺祥在这座小城里一天羊肉销售量为400~500斤。后来通过口碑相传人越来越多，2020年成为汝州市美食地标餐饮。

说着樊姐开始给我们调酱料。入门麻酱"老七样"，自制芝麻酱上拿点韭菜花、腐乳汁一淋，撒点香菜末，齐活。烫的时候也有讲究，"一涮二熘三炖"，夹一片肉涮熟放到碗里，再夹一片进锅涮，吃完碗里的，锅里的也就熟了。

用清汤烫出的羊肉原汁原味，只为一个"鲜"字。樊姐笑着告诉我们吃羊肉火锅的一个小秘密："涮菜之前，必然先往锅子里涮一盘羊尾巴油，'肥肥锅儿'。太瘦的羊肉一涮就柴，因为未经高汤锅底增香，缺少脂肪的软嫩口感和特有的浓香。

肥肥锅之后，整个锅子立马变得肥腴鲜香，味道提升不止一个档次嘞！"

吃的时候，从锅里夹一筷子刚涮好的羊肉，在麻酱碗里一滚，趁着热气往嘴里一送，舒坦。用老舍先生的话说，涮羊肉"能吃出想象，吃出诗意，涮一片蘸进麻酱溜入口，就是动植物合起来的天地精华"。

炭红、汤白、肉鲜、酱美，再配上点小酒，没吃两口，汗就下来了。只看一屋子人个个满头大汗，吃得唇齿留香。

看着锅子里的羊肉浮浮沉沉，翻滚的清汤上善若水，禅意就出来了。涮羊肉，佛系寡淡只是假象，红尘万丈，烟火人生才是底色。

德顺祥又似乎两者都有。

秘籍

羊肉铜炉火锅做法

食材：羊肉、小酥肉、手工饺子、蔬菜、铜炉木炭火锅。

做法：先用自制麻酱、韭菜花、腐乳汁配蘸料，使用独特木炭铜炉火锅保持恒定温度，在铜炉火锅内倒入清汤或白开水，切入蒜段、姜片即可。烫菜主角为农户散养嫩羊肉、小酥肉、手工饺子、蔬菜等，水开即烫。涮菜之前，先往锅子里涮一盘羊尾巴油肥锅。

特点：新鲜香嫩、筋道可口。

汝州洗耳滨河公园　　圣庄园　　汝州二高

物盈街

望嵩学校

向阳中路

德顺祥
传统木炭火锅

安乐居小区

风穴路

汝州雨润广场

朝阳中路

洗耳北路　　望嵩苑小区

永乐街

朝阳东路

朝阳小区

寻访地址：汝州市煤山街道风穴路 356 号
德顺祥传统木炭火锅

采访视频二维码
打开抖音 搜索页扫一扫

员密集区域，戴口罩，勤洗手！自我防护需谨记！

HUAN XING MEI SHI

华予
国际酒店
打卡推荐
★★★★★

生焗萝卜糕：
让郎平教练念念不忘的一道菜

《汉书·宣帝纪》记载："夫
婚姻之礼，人伦之大者也；酒食之会，
所以行礼乐也。今郡国二千石或擅
为苛禁，禁民嫁娶不得具酒食相贺
召。由是废乡党之礼，令民亡所乐，
非所以导民也。"自此民间婚丧嫁
娶宴请活动由此发展开来。

庙堂盛宴因其
精美与品质不再属于
名流专属，也成为普通百
姓首选的待客之宴。它不仅是
身份规格的象征，更是表达了我对
你的热情与重视程度！

不管是何种饮食场景，只要客

人登门，好客的汝州人必然以丰盛的菜肴款待。受汴京遗风影响，宋朝的婚丧嫁娶"办桌文化""酒席文化""吃桌文化"使得酒店餐饮成为老百姓的社交场和朋友圈。

汝州餐饮界的潜力黑马

2019年1月7日是个好日子。这一天阳光明媚、惠风和畅，这一天也是汝州市华予国际酒店开业的大日子。庆典现场，汝州市众多领导出席活动并进行剪彩庆祝，汝州餐饮界一匹黑马的缰绳就此解开。

晚上9点，跟随着汝州市文化广电和旅游局同事进入华予，早先听说华予是家准四星级酒店，平日商务及政事举办较多，心想一定是家装饰豪华却很老派的商务酒店类型。

检查过健康码进入酒店大门，大厅亮丽时尚的装修风格使我耳目一新，立即冲刷了我们寻访一天的疲惫。不同于其他酒店的成熟大气，无论从酒店门童还是到餐厅后厨，从管理环境还是到待客礼仪，华予更多透露出的是年轻人的朝气与专业，就如同一匹蓄力磨蹄的黑马。

在酒店行政人员带领下，我们来到厨房后厨。这时主厨何晓飞已经走在回家的路上。突然接到的加班通知让何晓飞有点诧异又有些无奈。

半小时后何晓飞准时赶回后厨并且换上了一身专业服饰，笑着说要给我们做一顿消夜，露一手他的拿手好菜"生焗萝卜糕"。

2015年主研粤菜和杭帮菜的主厨何晓飞为了照顾应华予就餐的年老食客口味，更偏爱软糯香甜，于是专门跑去广东学习了两个月的粤式糕点。

萝卜糕是粤式经典菜肴，但广东属于沿海城市，广式萝卜糕里面一般会加入瑶柱、腊肠、海鲜等食材。汝州属中原，汝州人不太适应萝卜里加海鲜的咸腥味。何晓飞回来后将海鲜全部去掉，多番实验才改进出汝州人喜爱的

酱汁进行炒制。

由"廉价"的小麦、稻米，经由繁复工序制成的糕饼，一直是汝州人的喜好和崇拜之列。这种崇拜最直接的表达，就是让糕饼成为传统节日仪式感的一部分。

生焗萝卜糕也是道民间小吃。俗称"菜头"，寓意"好彩头"。年糕年糕，寓意年年高（糕），步步高，节节高。每逢春节，街上都能闻到香菇、腊味、萝卜的味道，满街飘香，年味就这么来了。

汝州人爱吃果子（汝州人对

点心、糕点的俗称)。汝州果子，起源于距今已有130多年历史的清光绪年间。在当年物资匮乏的年代，亲戚间都是到供销社买一盒果子互赠往来。

改革开放后，人们物质生活水平提高，味蕾倾向于更细致的滋味变化。人们的饮食需求也转向低脂、低糖食品。

生焗萝卜糕用最简单的馅料选材与多变的肌理，进行复杂化深加工，满足了舌尖诉求的升级。相比其他糕点，生焗萝卜糕对油脂和糖有更强的包容性，也符合人类摄入卡路里时感到愉悦的本能。

简单食材极致化制作

"将简单食材做到极致"，这是何晓飞的烹饪理念。

"肉生火，鱼生痰，白菜萝卜保平安。"几千年来，萝卜因其易种植、成本低，成为中国人餐桌上最平凡廉价的食材，却也是千金不换赛过人参的保健良品。

与广东饮食崇尚清淡、原味不同，中原人对深加工带来的滋味有着与生俱来的喜好。其配料之繁多、制作工本之复杂，远远超过食物本身的价值，从豫菜制作中就可以窥见一斑。

一根白白胖胖的象牙萝卜在何晓飞刀下飞快分解，成一条条约4毫米见方的长条丝，扔锅焯水捞出。待水分沥干，相继加入生粉、糯米粉、盐、糖、水搅拌均匀。将拌后的萝卜丝放入大锅内翻炒15分钟，粉水迅速黏稠成半固状体，萝卜丝立刻沾满粉水。晓飞强调这时候手速一定得快。

随后引用粤菜中特有的烹饪技法——焗，不同于蒸笼的蒸也不同于小火的焖。

焗这一客家人常用的神奇烹饪方式，是利用大火引诱出食物本身的水分蒸汽使密闭容器中的食物变熟。既保留了食物的原汁原味，也挖掘出食物的营养价值。

托盘事先刷油，上火焗制70分钟左右，晾凉切厚。另取数段千年餐桌重量级配角——大葱葱白，加入秘制酱料与萝卜糕热油爆炒，数秒起锅装盘。

半条青瓜切片过水垫于盘底，以便吸取萝卜糕多余油脂。一筷下去葱白的特殊浓郁香味与萝卜的清香直入鼻腔，两者配合得天衣无缝。

至简至淡，至清至味。对于一个天生对点心毫无抵抗力的吃货来说，迫不及待夹上第二块。首先用四颗前牙撬开表层焦脆外壳，竟然没有想象的坚硬。牙齿轻轻一扣

就露出内部最柔软的部位来，植物渗透出的特殊甘甜引诱舌尖透过破口处继续往里探寻，软糯香甜，完全没有萝卜的辛辣。

对于一个不知菜名的食客来说，肯定不会吃出这竟是一款萝卜，这是一款没有萝卜味的萝卜糕。

生焗萝卜糕凭借着它简单质朴的口感与复杂特殊的工艺，成功唤起华予食客们舌尖上的记忆。萝卜本身所具备的丰富维生素和膳食纤维开胃助消化，更是得到越来越多年轻人的欢迎。

2020年国庆档电影《夺冠》无疑让郎平教练所引领的女排精神再次燃遍神州大地。恰逢郎平教练带着丈夫、女儿举家来汝参观游玩。住在华予的两天六餐，为了让郎平教练对汝州美食有一个更全面的了解，酒店安排的每餐餐食都会不重样，然而却只有生焗萝卜糕在郎平教练的特别嘱托下成为每餐必上的菜品。

两天后郎平教练结束行程离开汝州，并给华予每位厨师赠送了一个排球签上自己名字以示感谢。

秘籍

生焗萝卜糕做法

食材： 优质象牙白萝卜、生粉、糯米粉盐、糖、水、优质山东大葱葱白。

做法： 首先将萝卜刨皮切成4毫米见方的长条丝，将切好的萝卜丝焯水之后沥干水分。加入生粉、糯米粉、盐、糖、水搅拌均匀，将搅拌后的萝卜丝放入锅内炒15分钟，粉水迅速黏稠成半固状体，让萝卜丝都沾满粉水。然后倒入托盘蒸70分钟左右。托盘事先刷油，以便脱模。晾凉切丁与大葱葱白一起炒匀，炒的时候加入秘制酱料，炒出来的口感就是外焦里嫩、口感滑嫩。

特点： 外焦里嫩、清淡易食。

汝州市
体育中心

广成东路

龙山大道

五洲国际商贸城

华予国际酒店

第二辑 登堂入室

丹阳东路

344国道

汝州市
丹阳湖景区

寻访地址：汝州市禹锡路与祥云路交叉口华予国际酒店

采访视频二维码
打开抖音 搜索页扫一扫

华子
国际酒店
打卡推荐
★★★★★

泰汁带鱼卷：
一家年轻酒店里的"寻龙之旅"

　　龙，一个虚拟于中国神话故事里的神兽，它是守护着全球华人的精气神的心灵图腾。一身唐装的著名国际影星成龙以"龙"为名，向世界传递着中国文化；一首经久不衰的歌曲《龙的传人》唱出了中国人的自豪。

　　每一个中国人对龙都有一种特别的情结，也在用自己的方式守护着这种发自内心本真的神圣。龙虽无形，但并非不能找到，如果有机会来到汝州，我带你去一家酒店，完成一次寻龙之旅。

若要寻到龙，先去祥云路

　　传说故事中，龙总是有着腾云驾雾的能力，所以到汝州寻龙一定要去祥云路。就在路西侧，华予国际酒店一定能引起你的注意。门前宽阔的场地有水池喷泉，蓝色的酒店外墙呈曲线形，像是若隐若现的蓝天。这样的景象不得不让人感觉有龙的存在，而我们要找的龙也就在这里。

　　作为汝州市一家"年轻"的酒店，华予国际酒店有着一种特别的朝气与锐气。

　　踏进酒店，现代感强烈的大堂就让人有一种不自觉的庄严与神圣感，犹如影视作品里华丽的龙宫。酒店作为提供食宿的场所，吃和住自然是不变的主题。古人有蛟龙出海之说，思考酒店里与海有关的地方，非每天做出万千美食的厨房莫属。

鱼能变成龙，厨师显神通

传说故事里，鲤鱼跃过龙门就能变成龙。如果有机会来到华予国际酒店的厨房里，鱼变成龙的故事一定能让你震撼。只是这次的主角不是鲤鱼，而是带鱼；将鱼变成龙的也并非龙门，而是酒店里厨艺精湛的厨师。

带鱼是中国家庭餐桌上最常见的海鲜。每年春节，很多家庭都有做带鱼的传统，在过去物资短缺且物流不发达的岁月里，带鱼可以说寄托了很多人对大海的渴望。

对于一个好厨师而言，没有不好的食材，只有没想到的做法。要做出一道惊世的菜品，不光需要扎实的厨艺，还需要有一些想象力。

人们喜欢用"神龙见首不见尾"形容龙的神秘。

当我们还在寻找龙在哪里的片刻，厨师已经将带鱼的肉从两侧去掉，只剩一具有头有尾的鱼骨。让人感到意外的是，我们视作垃圾的鱼骨并未被厨师扔掉，反倒是把鱼骨放进油锅大火煎炸。等到炸至金黄的鱼骨出锅，厨师将鱼骨一盘鱼头向上，用牙签定位。苦苦寻龙的我们豁然开朗，原来龙真的存在。

纵然带鱼是个完美的"龙王替身"，但是仅仅炸制一条鱼骨，恐怕难以让食客埋单。就在这时，酒店的大厨也终于为我们揭晓了答案，原来他们要做的是一道泰汁带鱼。

爱吃海鲜的人对泰汁这种调料一定不会陌生，颜色红亮、口味鲜美，吃进嘴里酸甜微辣的口感，这种源自泰国的酱汁征服了很多吃货的心。以泰汁酱做带鱼，对于带鱼这种普通的食材确实有一步登天的感觉。

职业和业余的区别往往在于对细节的把握，看着酒店厨师把带鱼用刀切成薄片，这接近透明的薄肉片瞬间颠覆了我们印象里带鱼段的传统印象，原来普通的带鱼也可以做得如此细腻。

只见厨师把切好的带鱼肉片卷成卷，为了让带鱼口味保持鲜美，虽然是冷冻水产的带鱼并没有再次冷冻，而是选择了用牙签串起。

所有的美好总是来之不易，一条"龙"的诞生也要经历万重关卡。厨师将带鱼卷放入蒸锅，一次肉身的幻化，等待它的是吃货们蠢蠢欲动的味蕾。

鱼肉之鲜加上切片之薄，眨眼间鱼卷出锅，骨与肉的重逢也在这一刻开始。油炸的鱼骨蜿蜒盘踞，嘴巴微张的鱼头昂首向前，鱼尾盘于冰山之上，蒸过的带鱼卷整齐排列于盘中，像是山间的白云。龙腾九霄的美感油然而生。

美食讲求的是"色、香、味、意、形",既然是龙,出场一定是踏云而来。在上桌之前,厨师在盘中加上干冰,一幅云雾缭绕的"九霄云龙图"就瞬间出现在餐桌之上。随着餐桌转动,美景让人不忍下口。

相遇在汝州,做龙的传人

有人说,龙生活的地方一定是祥瑞之地。

酒店千千万万,单是汝州大小酒店也有不少,为何龙会选择居于华予国际酒店的后厨?我们仔细观察了厨房,不仅因为酒店里的设备比较新,更因为后厨的整洁让人称赞。一个工序复杂、工作人员多的酒店后厨如何能保持这样的状态,我们在厨师们的脸上找到了答案。

虽然是一家较新开业的酒店,但是以四星级的标准高起点,酒店设施与五星级酒店比肩。而重要的是每一个华予国际酒店员工的状态。走到酒店的任何一个角落,都能被这种来自他们身上的活力所感染。

感受一座城市,往往是从认识一些人开始。如果有机会来到汝州,走进华予国际酒店,真正和他们聊一聊,你会发现他们身上有着新一代人年轻人的思考方式。

在优越的设备和良好的工作环境下,他们并未以此满足。一家高端的酒店,对普通食材的精雕细琢,这样的反差让我们看到了一群不断思考的年轻人,也感受到了一家酒店的创新。

我们还在感叹普通带鱼变成龙的时候,厨师又给我们讲述了另一个生焗萝卜糕的故事。白萝卜这种冬季最普通廉价的食材,厨师把它经过精细制作,做成了一道人人称赞的名菜。这其中的秘诀依旧是细致入微的匠心。萝

卜在经历高温上蒸、
打泥成糕、定型切块、油
炸定型、放进锅焗一系列过
程，也如同龙成长过程的脱胎换
骨一般。

　　龙，虽然无形，但是有神。更多时候我们寻
找龙的形，忽略了它的神。其实，龙一直游走于民间，
它就在我们的身边，有着龙一样精气神的厨师们把
寻常的带鱼、萝卜做成让人称奇的菜。

　　华予国际酒店，一个名字里流淌着中华
民族血脉的酒店。正是众多汝州新企业
的代表。居庙堂而不傲世，在市井而
不忘初心。

　　在汝州，一群龙的传人正在用
坚实有力的步伐走出一条通向五星
级酒店的龙腾之路。

秘籍

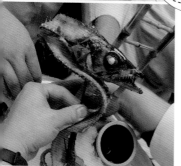

泰汁带鱼卷做法

食材：带鱼、泰汁等。

做法：把鱼刺片出，将两侧的鱼肉卷起，炸至金黄，再使用自制的泰汁将炸好的带鱼收汁，将鱼骨做造型炸定型作为盘饰。

特点：造型美观、口感鲜美。

汝州市
体育中心

龙山大道

广成东路

五洲国际商贸城

华予国际酒店 📍

丹阳东路

3 4 4 国 道

汝州市
丹阳湖景区

寻访地址：汝州市禹锡路与祥云路交叉口华予国际酒店

采访视频二维码
打开抖音 搜索页扫一扫

第三辑

饕餮盛宴

汝州家宴
打卡推荐
★★★★★

汝州家宴:
家宴,才是最高级别的友待

　　城市很大,大到一年 365 天、1095 餐可以顿顿不重样;城市很小,小到想找个人简单吃饭、聊天都没有合适的地方与理由。当有人说"明天来家里头吃饭",意味着他已经将你放在心里头。

　　"这辈子,一定要珍惜,那个请你赴一场家宴之约的人。"

　　家宴,才是人们最高级别的友待。

汝州吃桌，汝州人人必吃的家宴

在汝州，每个人这辈子肯定会吃一次家宴。它不仅是汝州人亲情、友情、爱情的见证仪式，也是汝州人联络感情的保鲜剂。在老汝州，家宴有一个有趣的叫法，名为"吃桌"。

汝州吃桌起源于 20 世纪八九十年代，甚至清末民国时期。谁家娶媳妇、闺女出嫁、添人口送米面、老人去世三周年等，主家都要摆酒宴，叫"待客"，亲戚好友都会去"吃桌"。有"吃桌"的机会，家里大人小孩都要去，很多汝州人的印象中都会有小时候专门请假去吃桌的情况。

在汝州，吃桌是家族的大事，它有一套正规流程。从举办前的"攒忙""借家什""拱桌子"到吃桌宴上的"陪酒""上礼"等礼节程序，必须安排得

有条不紊，丝毫差错都不能出现。

操办得好，出席的亲朋都吃得满意，名声可传百里；操办得不好，大家吃完还偷偷吐槽，甚至有的还当场掀桌子，让主家下不来台。

这个时候就得需要一位八面玲珑的管事"老道辙"安排整场吃桌的操办。他们一般是家族长老，在家族德高望重、知识渊博。他们说话有技术性、艺术性，幽默风趣但不低俗，事态的驾驭能力极强。遇到突发事件能够从容面对，妥善处理人情礼往，并要对主家的社会关系了如指掌，安排就座、分清主次等都很关键。

吃桌乃大事，家族老少齐帮忙

"攒忙"不用外姓人，五服内男女都要义务帮忙，不用上礼。家族长老"老道辙"提前一个月到场，就要碰头商量部署支客、约好口碑好的街坊厨子。

厨子，用汝州话讲，可是"能人""老师儿"，能来帮忙，可是看了很大脸气。吃桌前一定要邀请"老师儿"喝商量酒，主要是商量确定当日菜单。

"商量酒"一般在饭店进行，当然在主家也行。让所找好的厨子集体到场，主家找好陪客，一边喝酒一边商量。如果主家"干抹桌子不上菜"，没有安排这顿商量酒，那是会遭受厨子和亲朋好友们的白眼的，"老鳖一"的名声会不胫而走，让人笑话这家人办事"戳济"（汝州方言：抠门的意思）。

在日子前三五天，"老道辙"到场，安排五服内家族劳力，在院子搭棚子，借家什，垒火支锅，逮猪、杀猪。家族妇女择菜、蒸馍、洗条盆等，忙得不亦乐乎。一般这时候整个家族就会互帮互助，充分利用资源的能力发挥得淋漓尽致。

旧社会门当户对，48间转圈楼内，大方桌不下100张，待客百桌，不用借家什。19世纪后半叶，百姓家待个十来桌客，都需要借家什。地方小，桌数多，就摆在邻居家。堂屋里摆正桌，那是给贵客准备的，有头有脸的才能坐在屋里用餐。

直到吃桌举办头天晚上，厨师要"落桌"。就是把所有的东西按照要求的桌数备好，既不浪费——"冒桌"，也不能不够——"涨桌"，这在"老师儿"心中都有数。如果碰见个别"木鳖"厨子考虑不周，出现"冒桌"或"涨桌"，那将一世英名扫地，在业界内好长时间抬不起头来。

"待客"当天，厨子半夜就要起床，帮厨早早就把院子里临时砌好的炉灶烧起来。早上喝过鸡蛋茶的厨子，左右耳朵都夹着烟，戴着围裙，嘴里叼着的烟，先准备凉菜，四荤四素。荤菜大致有皮蛋、猪头肉、猪肝、油炸小鱼等，素菜必备有凉拌黄瓜、油炸花生米、凉拌菠菜、凉拌粉皮等，切好材料摆盘。"老师儿"再熬制大大一锅料汁，每个素菜盘子浇上一勺，老远都能闻到香喷喷的味道。

〰️ 吃桌宴前唠家常，八仙桌上拼乾坤 〰️

客人晌午前就陆陆续续到了。被邀请的外姓亲朋好友就要登门"上礼"。家宴城门口或主家摆一张礼桌，这是亲朋好友们上礼的地方。

上礼和收礼都是件"门道事"，"上礼"应时代而异。70年代，送5元就是大礼；90年代，送礼一般都是30~50元；现在礼金也越来越高，多则成百上千。"收礼"不是随便自己收，而是要请专门的管账先生。管账先生要如实记上账簿。主人事后，会了解谁家随了多少份子，方便以后他家"上礼"好量账。

客人按与主家亲疏关系排好桌、上好座，一挂震天响的鞭炮，响彻天地，宴席正式开始。

这时候"端条盘"的贴厨者开始隆重登场。一般由主家五服内年轻小伙负责手托"端条盘"穿梭在厨房与客厅之间。可别小瞧这端盘子的活儿，既是体力活又是技术活。一边托着端条盘，一边快速流连在宴席间，既要顾及脚下乱七八糟的椅子腿和乱窜的孩子以防手中热汤水酒出来，又不能让吃饭的人等太久。

小城人家讲究多，先上四荤四素八道凉菜，如今有上 10 个凉菜的，还有 12 个凉菜的。反正都是有热有凉、荤素搭配、甜咸相宜，无非是内容不同而已。

8 个凉拼盘刚一端上来，宴席的"重头戏"开始了，就是男人们的拼酒。酒瓶子刚一打开，立刻进入状态，三杯两杯下肚，立刻上了性子：你不服气我、我不服气你，袖子往上一撸踩着板凳开始比画着"猜枚喝酒"。

特别是在喜事宴席上，喝酒被认为是场实力的较量，也关乎新郎新娘双方家族的面子大事。婚礼当天主家会找来村内最能喝的头面人物专门陪同新娘舅舅（一般是招待的头等人物）。娘家来的送客自然也不落人后，来的也都是在世面上走南闯北能喝的"酒战保镖"。双方势均力敌却又都想把对方喝趴下，似乎这样方才显出自家的威风来。

陪酒的脸上堆着笑把桌上 8 个酒杯拢拢倒满酒，弓着腰双手端起一杯敬新娘舅舅。当舅舅的这一天，责任重大不能喝多，大家也不狠劝，他湿湿嘴唇也就过了。但舅舅带的这两个保镖是逃不过"敌营"的。

桌上 8 个酒杯倒满后，划拳定输赢，五局起算。如果交战双方都熟悉，嘴里说着两人右手握着，拳头收回来就能开始。如果不熟悉，两只手握到一起后，还要说"亲亲""再问问"等交战前的专属客气用语。客气完，双方拳头收回，一方问，"到了？"另一方答，"到了"，这才"五

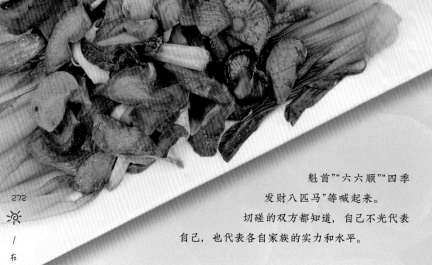

在汝州 味醒美食

魁首""六六顺""四季
发财八匹马"等喊起来。
　切磋的双方都知道，自己不光代表
自己，也代表各自家族的实力和水平。

〰〰 热灶台上塑人品，吃桌宴里暖人生 〰〰

差不多时候，师傅歪歪头看
看天，大致下午1点来钟，看看
酒喝得差不多了，该上热菜了。
一般拼酒大将还没等到热菜上桌
已经"光荣退役"。

第一个必须是红烧鲤鱼，上
来后鱼头必须对准贵客，等贵客
喝三杯鱼头酒拨弄拨弄鱼身，大
家就可以开吃了。鱼还没有吃完，
第二道菜上场，清炖鸡，一般是
清汤里卧着整鸡，鸡身上撒几根
香菜，淡黄的油花飘在盘子里。

这两道硬菜上桌，基本决定
了"桌辙"走向，鱼大鸡肥，基
本就是个好"桌辙"，否则，"主
家太抠，弄那算啥哩，丢人！"

接下去是蒸糯米，装到大碗
里蒸好后倒扣在盘子里的糯米饭，
顶部点缀一颗红樱桃或红枣，蒸米
的水有白糖，蒸糯米饭吃起来甜。
蒸丸子、蒸鸡块也算大件。还有就
是红烧方肉，肉烧制时上了糖色，
烧得通红透亮的肉皮朝上瘦肉朝
下，整整齐齐码在盘子里，看着

就喜人。蒸排骨，炸好的排骨放到碗里上笼屉蒸，出锅后讲究的大师傅再撒上香菜、红辣椒丁。

条肉，是两寸长寸把宽的五花肉条，不去皮，煮熟后切条回锅红烧，出锅时要小心，肉烂、软、香，牙口不好的老年人特别喜欢。

每个热菜上桌后紧接着上一个汤，叫"小碗桥儿"，这个汤根据大师傅习惯做，咸汤、甜汤交错进行，肚丝汤、蛋花汤、虾皮冬瓜汤、橘子罐头汤、红枣莲子汤、银耳汤……林林总总不一而足，直到最后端上鸡蛋汤，在汝州叫"滚蛋汤"，喝完滚蛋汤代表吃桌的完美收官。

人们这才满足地咂摸咂摸嘴，吧嗒吧嗒嘴皮，意犹未尽地离桌而去。每一场"吃桌"走下

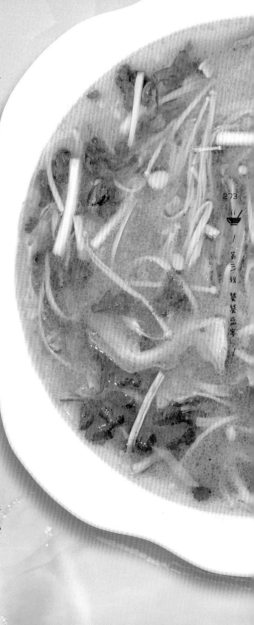

来，不仅保留了汝州最传统的烟火气，还是如今这个淡薄社会的最暖慰藉。

家宴亦家事，是属于个人的私密空间。只有真正看重的人，才会被邀请进来分享这份只属于自己的"喜怒哀乐"。

家宴亦借口，是想与你见面的理由。只有将你放在心上的人，才会费尽心思、想破脑袋、寻找理由与你分享自己喜爱的"酸甜苦辣"。

汝州家宴菜单

基难配置

凉菜	热菜	主食
卤水牛腱	黄河大鲤鱼焙面	黄金饼
五香灌肠	传统料子鸡	小笼包子
千层脆身	黄金蒸肉	
姜汁莲菜	芥菜糊牛肚	
芥末粉皮	五彩大虾仁	
富贵西蓝花	青炒多种苗	
	八宝饭	
	老汝州宴菜	
	海参汤	
	鱿鱼汤	
	大枣炖银耳	
	送客汤	

标准配置

在汝州·唤醒美食

凉菜

刺身澳洲龙虾

何首乌酱香黑牛肉

八仙过海闹罗汉

温中益气请运鸡

鲜红菜头海虎翅

开胃养生小海参

椒盐小海龙

爽口地黄丝

滋阴润燥紫生菜

虫草花拌水晶菜

热菜

食疗海马炖老鸽

甘草黄芪帝王蟹

冬虫夏草佛跳墙

芝士鹿茸焗牛排

极品干鲍龙涎香

天麻人参蒸老虎斑

藏红花烧羊肚菌

麝香菜

扒猴头

白灼菜心雪莲花

口味小炒灵芝菌

面点

补脾样肺山药酥

猴头龙须卷

汤类

吉祥三宝鲜人参

金丝燕窝雪莲果

高档配置

凉菜

刺身东星斑

日式烤鳗鱼

酱香黑牛肉

迷你香海螺

槽卤金钱肚

水晶雪莲果

山楂溜莲藕

鲜玛卡拌核桃菌

美国大杏仁拌田七

龙井鲜茶藏红花

热菜

至尊鳄鱼龟

翅汤鲜活鲍

松茸烧神户牛肉

极品佛跳墙

清蒸龙胆鱼

法式小羊排

生焗荷莲果

菜胆扒猴头菇

桃胶黑米烤南瓜

五彩缤纷素宴菜

面点

榴梿天鹅酥

锅贴鳄鱼肉

汤类

养颜木瓜血燕羹

海马牛鞭鸡豆花

采访视频二维码
打开抖音 搜索页扫一扫

HUAN XING MEI SHI

汝宴
打卡推荐
★★★★★

汝宴:
炼丹少年的名厨梦

汝州位于河南中西部,因北汝河得名,而因汝瓷闻名。1400多年的郡州发展史不仅孕育出裴李岗文化、仰韶文化和龙山文化等华夏古文明,也造就了一批智慧杰出的汝州名人。

公元前621年,在汝州梁县新丰(今汝州市陵头镇孟庄）一个普通学官家中呱呱坠地的婴儿啼哭声响彻云霄。这声不平凡的啼哭不仅预示着这个孩童不平凡的一生，也唤醒了这片土地上的美食因子。

这个婴儿就是当今食疗鼻祖孟诜，著有世界食疗专著第一书《食疗本草》。

〰〰 食禄人臣心灰意冷上"梁山" 〰〰

孟诜从小就表现出与其他孩童不一样的智慧。少敏悟，博闻多奇，举世无与比。少年时期跟在学官父亲身边学习诗书礼乐，见识广阔、知识渊博。当时唐高祖李渊时期，道教为皇室宗教，全国上下以炼制仙丹、追求长生不老为风尚。孟诜由此精通、掌握了不少炼丹之术，熟知各类丹药的中草药成分及制法。

长大后孟诜与大多世家子弟一样，梦想入朝为官，为君效力。凭借自己几十年来坚持不懈的学习奋斗，孟诜成为唐朝正经八百科班出身的政府官员——进士及第，相当于当今全国高考的前三名！相继担任过长乐县尉等重要官职。

唐武后垂拱初年，孟诜升职为起草诏令的凤阁舍人。

有一天，孟诜去顶头上司刘祎家串门。对方看到他来很是高兴，拿出皇帝陛下赏赐的银子想要向他炫耀。孟诜看后摆摆头，凭借自己多年炼丹经验说道："这钱是用矿物锻炼出来的金子，你只要放在火上一试便知。"刘祎一听气急败坏责骂他毁坏皇帝声誉，但心里还是不安，待孟诜走后放火上一看，果真出现五色之气。

然而孟诜此次的"多管闲事"

传到皇帝耳中，成功惹怒一代女帝武则天，将其发配到台州。

不管怎么样，孟诜一辈子都没有改变对医药的热爱。后来孟诜先后升迁为春官侍郎、同州刺史，甚至加封为银青光禄大夫。但是从长安被贬到台州的任职经历也让孟诜对官场心灰意冷，撇去浮尘听清楚了自己内心的声音。心若不在了，功名利禄也就只是个形式和摆设。

≋≋≋ 养生之道，莫先于食 ≋≋≋

在伊阳山居住期间，孟诜融会贯通理解老师孙思邈所传授的医术。每天在侍者的陪同下，出入深山采集中药，然后用天然山泉清洗。按照前人药方如法炮制，悬壶济世。其医术高超，成为当地远近闻名的神医。

随着学习的深入，孟诜发现在已知的文献中，"食疗"的提及率特别低。最初只有在《周礼》中提到"食医"的职责；后来医圣张仲景在《金匮要略》中强调

了所食之味有"益体"也有"害体"的区别；老师孙思邈在《备急千金要方》中提及日常养生应该吃恰当的食物的一些理论。

他们都强调食疗的重要性，但没有指导人们如何正确进行食疗的方法。于是，孟诜决定撰写一部有关食疗的著作。通过系统整理自己所能找到的全部食疗书籍，结合自己的实践心得，来启迪同道、施惠后人。

名为《补养方》的

食疗专著成功问世。后来孟诜的弟子张鼎在《补养方》的基础上补充食物89种，改名为《食疗本草》。这本书让孟诜实现了自己后半生一直追求的名厨梦，奠定了他在食疗界和医疗界的双重地位。

因这些验方在民间具有广泛的实用性和疗疾功能，从而在民间广为流传。开元初，河南府尹毕构认为孟诜的高风亮节可与东汉隐士向长（字子平）媲美，于是将孟诜居住的村庄命名为"子平里"。

孟诜老爷子一直活到了93岁，仍然力壮如牛、鹤发童颜。每天坚持爬山采药，当时有人问他怎么保养得这么好，他回答："养性者，善言不可离口，善药不可离手。"

孟诜的"食疗养生"理念为世界医学界做出了巨大贡献，也深深浸入汝州人的一餐一食当中，与汝州人相生相存，影响深远。

一部"食疗"立汝州

饮食养生，根据中医学解释指的是按照中医理论，合理摄取食物、注意饮食宜忌，以促进健康，达到益寿延年的养生之法。

饮食是供给机体营养物质的根本源泉，维持人体生长、发育，完成各种生理功能，是保证生命生存必不可少的重要条件。通过合理而适度地补充营养，以补益精气，调配饮食，纠正脏腑阴阳之偏颇，从而增进机体健康、抗衰延寿的调节疗效。

"是药三分毒""药补不如食补"这些古今能详的养生理念是孟诜在广泛吸取民间经验的基础上，提出自己的食疗主张。他认为药物的偏性太大，过寒、过热、过凉、过酸等，使用得当能治病，掌握不好反而招灾引祸，因此他提倡"祛邪用药，补养用食"。

食疗既避免了药物的偏性，又能维持人体的身体健康。《食疗本草》中孟诜所开具的药材，日常生活中比比皆是。

生活中的鸡、鸭、鱼、肉、水果、蔬菜无所不包。如鸭能够中益气且消食，其中白鸭肉能够补虚。如此食疗品，食疗方法简单易行，生活中寻常易见。日常食疗有病治病，无病则养生，为老百姓真真切切地喜爱，以至传了上千年。

一部"食疗"立汝州。

在汝州寻访过程中发现，汝州每道菜的核心独特之处就是它的酱料。无论是小吃胡辣汤还是全羊盛宴，每种灵魂酱汁都是独家秘制，概不外传。但无外乎都是用十几、二十几道中草药材合理配比而成。

不禁多次感叹没有一座城市会比汝州将"药食同源"的理念发

挥得这么淋漓尽致了！

　　随着汝州城市居民总体收入的提高，人们幸福感和获得感增强。日常生活健康饮食关注度不断聚焦，《食疗本草》中的养生之道得到广泛的开发推广。近些年汝州人民相继举办多届孟诜食疗养生大赛，开发出多种孟诜食疗养生宴不断进入汝州百姓日常宴会中。

　　汝州美食，因美味而流名，因健康而留名。

采访视频二维码
打开抖音 搜索页扫一扫

孟诜食疗宴

板栗戏银杏

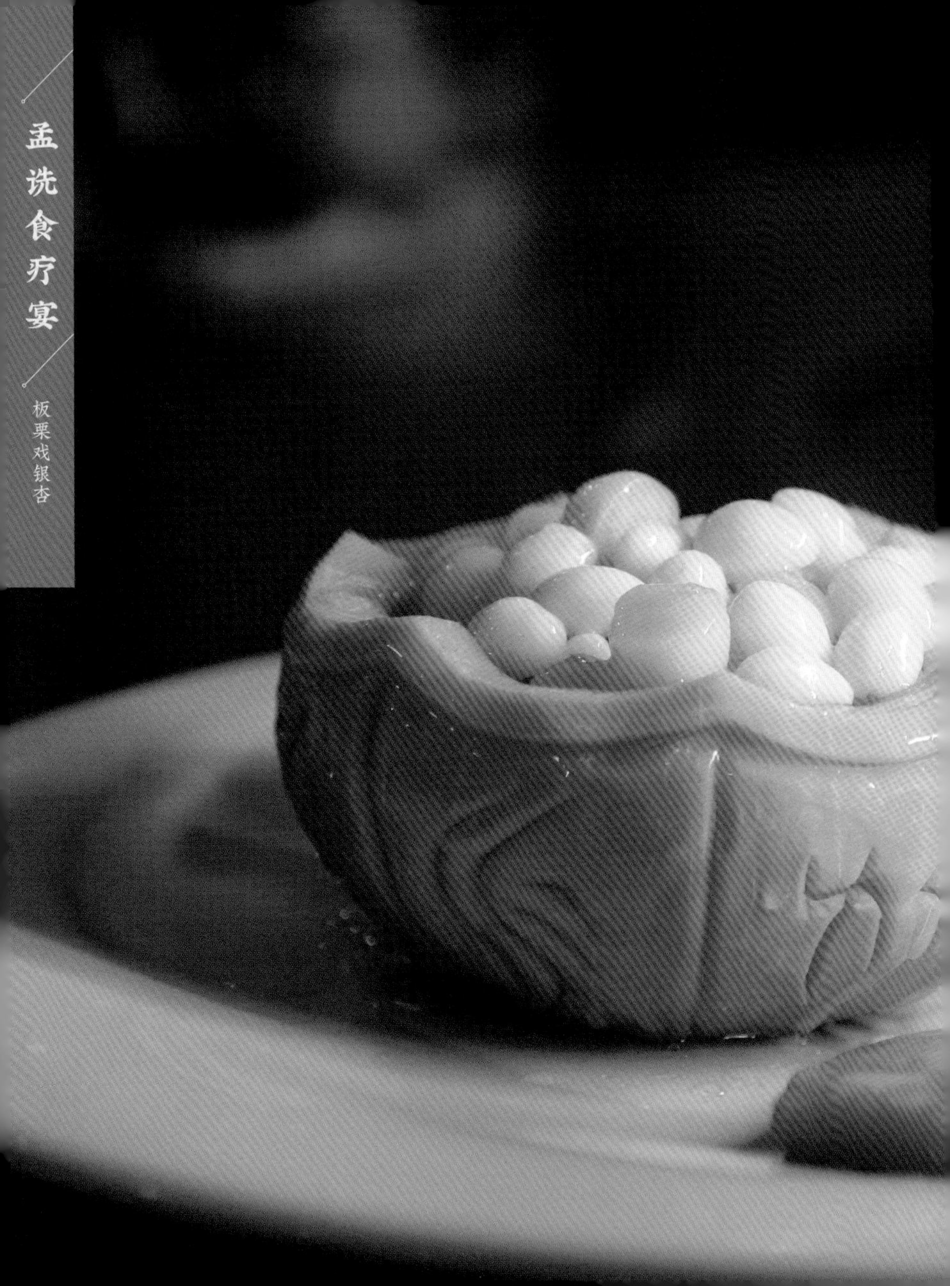

孟诜食疗宴

养生虫草羹

孟诜食疗宴

杜仲猪腰片

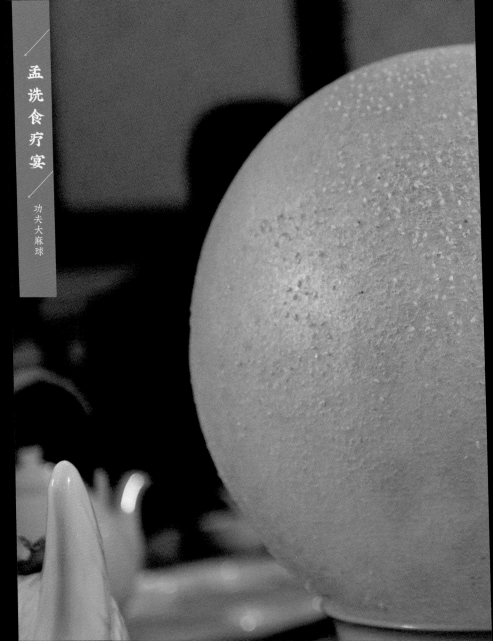

孟诜食疗宴

功夫大麻球

孟诜食疗宴

功夫烤花卷馍

孟诜食疗宴

宫廷鳝鱼盏

孟诜食疗宴

孟诜白芷烧鸡

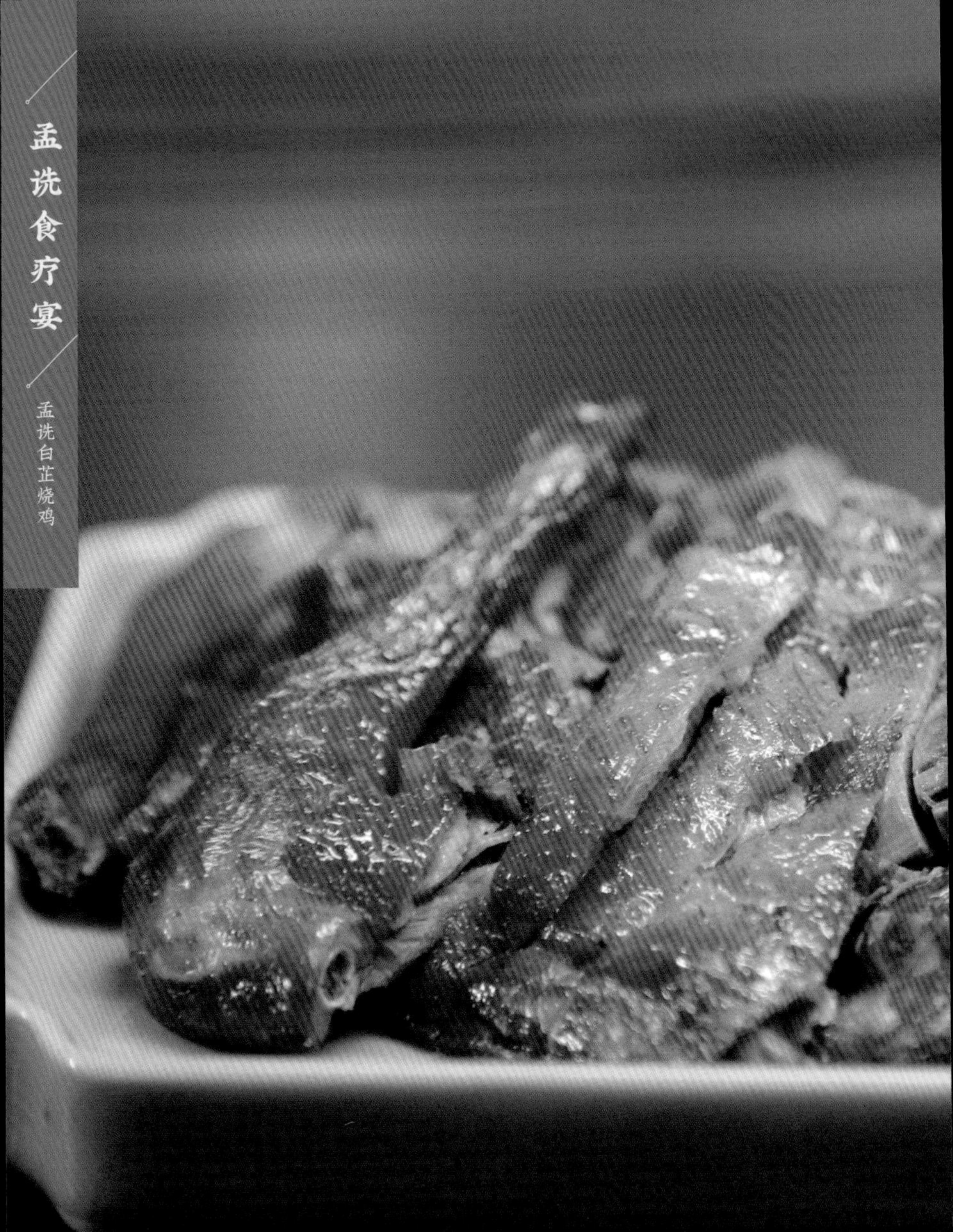

孟诜食疗宴

糯米莲藕

孟诜食疗宴

千屋脆耳

孟诜食疗宴

巧拌紫苏叶

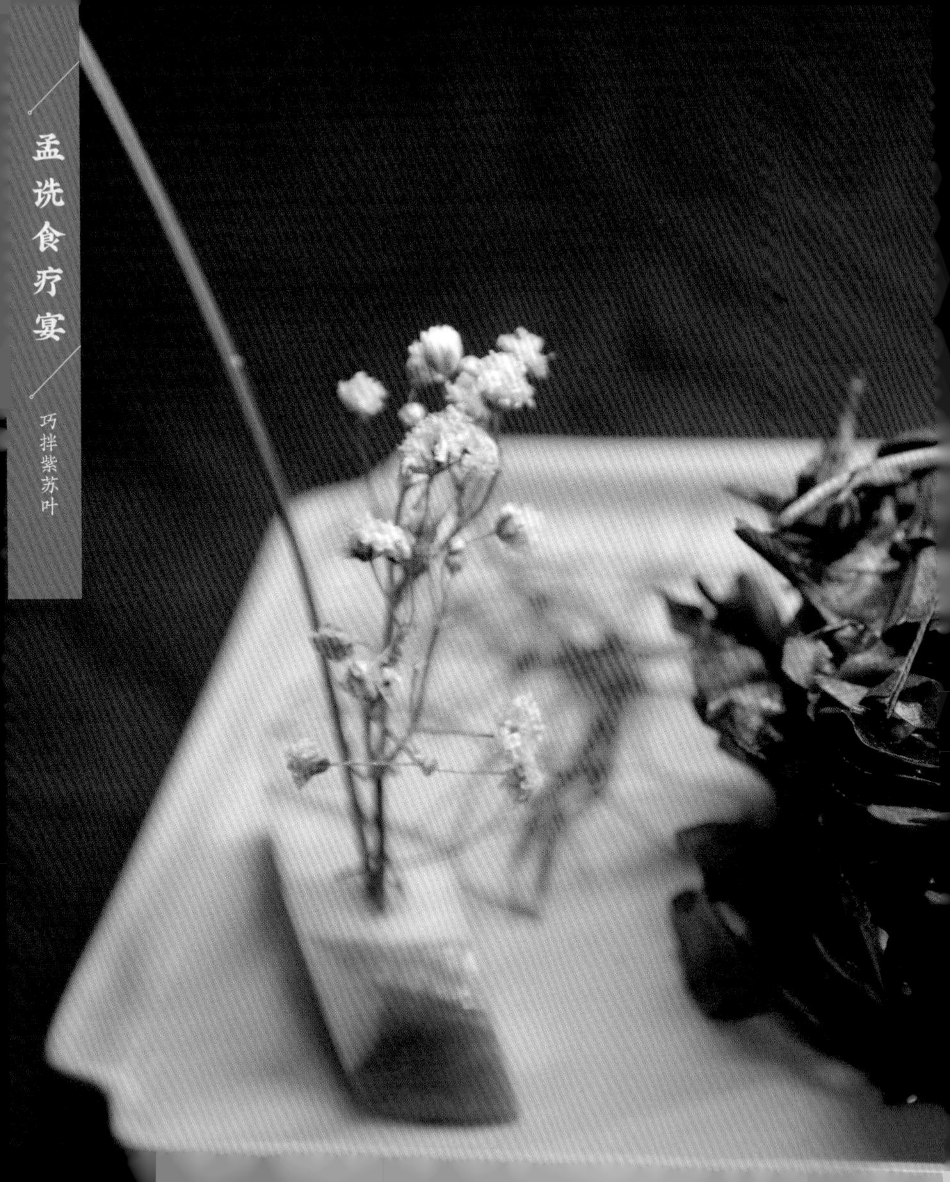

孟诜食疗宴

小拌秋葵

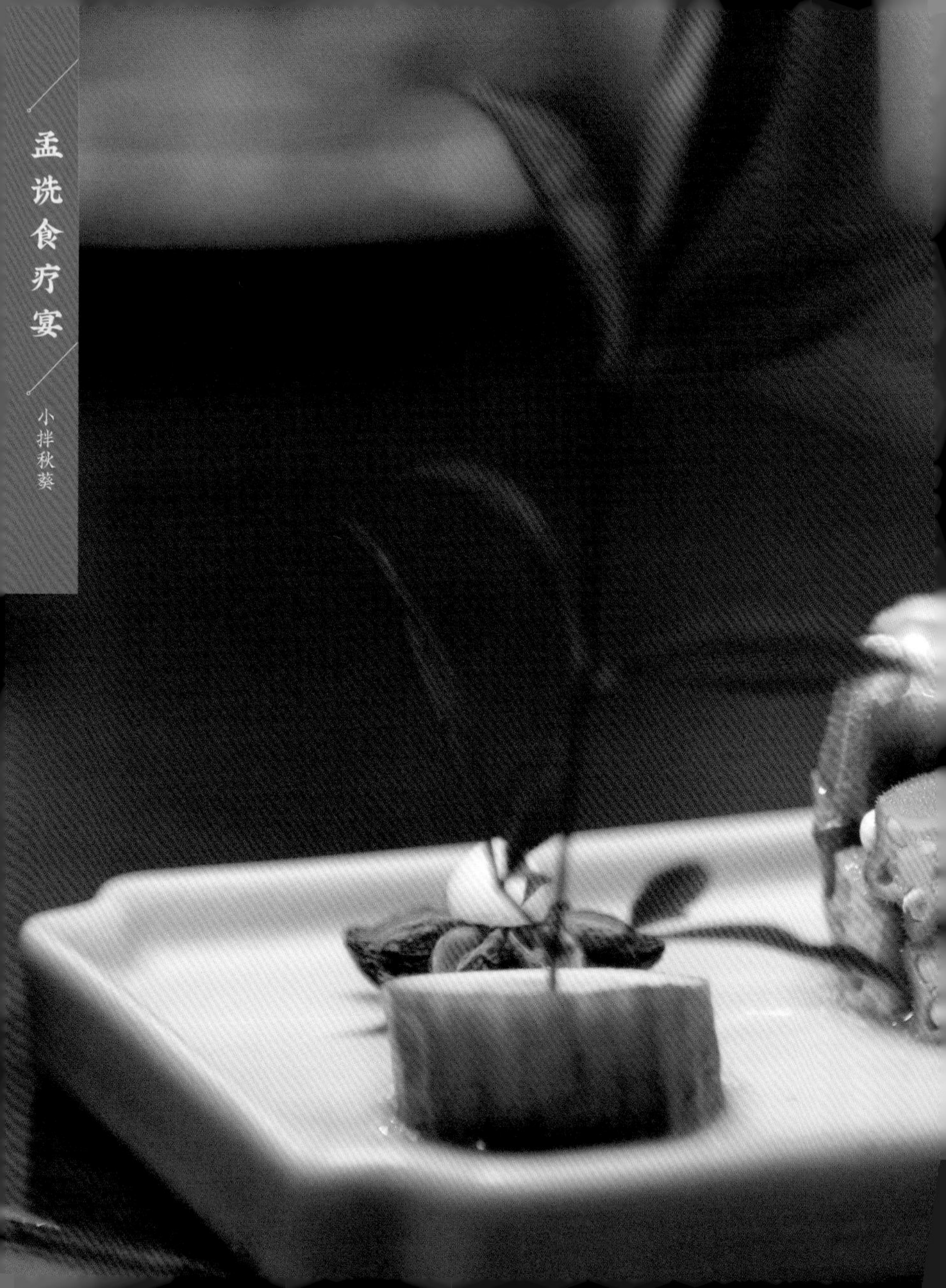

孟诜食疗宴

养生焖鱼

孟诜食疗宴

蘸汁羊肉

跋

美食是我们回家的地标

2021 年，在这个"危机四伏"的疫情生死期，我们依然每日坚持不懈行走在祖国的广阔土地上。只为亲手触摸到这些土地的温度，以此来证明自己仍然活着；我们用自己独特的方式记录下每一片土地的欢声笑语，向世界宣告人间值得；也为春节期间仍然奋斗在异地他乡的乡亲们找一个回家的理由。我们走过的这些城市中，汝州市给我们带来的感动让人久久难忘。

从这座城市到那座城市，从这个酒店到那个酒店，我们不断拎起又放下手中的行囊，但我们知道它终将回到属于它的那座城市。

在外面奔波、停留的时间越久，我们会越发想家。想念家人做的每一道菜，哪怕只是早餐桌前的一小碗白粥和一小碟酱菜，都会成为我们深夜义无反顾赶回去的理由。

于是这些年在工作中我们也在竭尽全力帮人们找到回家的理由。直到 2020 年有幸得到汝州市文化广电和旅游局书记张志强、副局长党晓叶的热情邀请，帮汝州人寻找一个回家的理由。2020~2021 年期间我们的团队展开了多次别开生面的走访。

汝州，对我们来说是个很特别的地方。初识汝州只因汝瓷，汝瓷的温润淡雅之美赋予了这座小城高贵典雅的艺术气息，只可远观而不可亵玩。当真正打开这一卷精美玉轴，一脚踏进之时，她的人间烟火气就立刻裹挟我身，让人回味无穷。一丝一缕沁入肌肤，最终直击心灵，令我们深陷其中不忍离去。

清晨早起一碗羊杂汤，中午回家一碗饸饹面，晚上一个电话："老什，你在干哪呢，搞一瓶不嘞？"立马约上三五好友，大家分头行动。西街麻亚伟烧鸡，南环麻辣兔腿，最后来到东环楼底小卖部拎几瓶烧酒，家中天台上餐桌已摆开，撸串、吹酒、唠嗑。汝州人简单而又美好的一天，让我们感受到了可望而不可即的幸福。

我们在街头小摊、苍蝇小馆、百年老店、高楼酒店等处停留、寻觅，与酒家店主、路边摊主、后厨厨工、大堂食客、非遗传承人对话交流。仰观汝州美食品类之盛，俯察汝州百姓生活之态。品汝酒、喝羊汤、吃锅馈、尝卤肉。

寻访途中，认识了不少汝州美食缔造者，吃了他们亲手烹制的美味，也了解了他们的人生故事。当我们恋恋不舍地离开这个给予我们不少温暖的地方，这些"汝滋汝味"和"汝人汝情"给我们带来的感动与触动，一直持续萦绕在我们心头。

当手擀面老板娘多次发消息问我们啥时候再去，准备给我们再做几碗红薯手擀面时，我回答："过段时间。"当卖锅馈馍的非遗大叔打电话问我锅馈馍吃完没，要不要给同事们再寄点时，我回答："下次去亲自带回来。"当每次煮一碗面必须拌上一勺汝州朋友们寄过来的"汝八宝"时，我想着："下次去我要多拿几瓶回来。"这时，我们突然发现，汝州美食已经成为我们生活的一部分。

不管何时何地，当我们收到他们的消息或吃到他们的食物之时，我们的思绪就会回到在汝州的时光，想起他们的笑脸，也想起他们的故事。

三个月后，便有了这本《在汝州 唤醒美食》。

34篇文稿，只是我们走访时随意记录下来的旅行札记，也是汝州百姓34种生活方式、34种人生的真实记录，我们只是他们的转述者。

这些随意记下来的文字，或许是一种食物的味道，是一个人生的自白，又或许是一段时光的回忆，再或是一个时代的变迁。

我们想，以后无论何人、何时、在何地翻开这本书时，里面总有某一点能够牵起人心的悸动，它让人不顾一切来到汝州，哪怕只为吃一口汝州的面、走一段汝州的路。

最后我们非常感谢汝州市市长刘鹏、副市长张平怀等对本书的大力支持，汝州市文化广电和旅游局局长李玉政、党组书记张志强、副局长党晓叶等好友的全程陪同和悉心照顾。也感谢中国食文化研究会会长洪嵘对此次寻访的关注并为本书作序。

感谢共同作战的同事们，冒着严冬寒风，日夜兼程奔波在汝州大街小巷的餐厅后堂，也感谢幕后设计、拍摄团队的辛苦付出，才有这本口水与汗水齐飞的温暖记录。

我们共同为120万汝州人找到了回家的理由。也为全世界的美食爱好者找到可以大饱口福的幸福之城。

让美食是我们回家的地标

责 任 编 辑：刘志龙
责 任 印 刷：闫立中
封 面 设 计：崔学亮
版 式 设 计：石海馨
地 图 绘 制：王艳彤
图 文 编 辑：慈春雷　杜　航

图书在版编目（CIP）数据

在汝州　唤醒美食 / 张志强, 贾云峰主编. -- 北京:
中国旅游出版社, 2021.5

　　ISBN 978-7-5032-6725-3

　Ⅰ . ①在... Ⅱ . ①张... ②贾... Ⅲ . ①饮食 - 文化 -
汝州 Ⅳ . ①TS971.202.613

　　中国版本图书馆CIP数据核字(2021)第088976号

书　　　名：在汝州 唤醒美食
作　　　者：张志强　贾云峰　主编
出 版 发 行：中国旅游出版社
　　　　　　（北京静安东里6号　邮编：100028）
　　　　　　http://www.cttp.net.cn　E-mail: cttp@mct.gov.cn
　　　　　　营销中心电话：010-57377108, 010-57377109
　　　　　　读者服务部电话：010-57377151
排　　　版：德安杰环球顾问集团
印　　　刷：北京金吉士印刷有限责任公司
版　　　次：2021年5月第1版　2021年5月第1次印刷
开　　　本：140毫米x170毫米　1/40
印　　　张：9
字　　　数：218千
定　　　价：48.00元
I S B N　978-7-5032-6725-3